# *chocolate*

# chocolate

微醺大人味

手作の甜苦&酒香

# 巧克力

高橋里枝

Rie Takahashi

# 前言

當我第一次享受品酒微醺的愉悅時，深切地感受到「當大人真好」。對身為大人的我，平時和好友小聚，飲酒助興共度歡樂時光；在結束工作後，小酌兩杯的悠閒，都是無可取代的重要時光。

巧克力則讓這段專屬於大人的時光更加豐富有韻味。巧克力融合了酸、甜、苦味及濃醇等多重滋味，搭配上酒香相得益彰。或許因為同樣身處於大人深奧的世界之中，巧克力和酒才能夠互相融合襯托，帶出彼此最耐人尋味的一面吧！能夠享受這樣迷人的組合，也是身為大人的一種特權呢！

本書要介紹的是含有酒類成分的巧克力，直接品嚐就能感受巧克力和酒的絕妙平衡；及適合搭配酒一起享用的巧克力，享受帶有層次感的美味合奏也很棒！可說是一本由大人策畫、特別為大人製作、專屬於大人的巧克力食譜。

為了能輕鬆愉快地製作巧克力，材料選用市售的板狀巧克力等方便取得的食材，且特別簡化的製作步驟，輕鬆就能作出華麗的大人風點心。送禮或招待客人也非常適合喔！

在巧克力與酒香交織出令人愉悅的微醺醉意中，享受它們最迷人的風貌吧！

高橋里枝

# 目錄

Contents

## 風味特別的單顆巧克力

## 典雅的精緻巧克力蛋糕

## 餘韻繚繞的烘焙點心

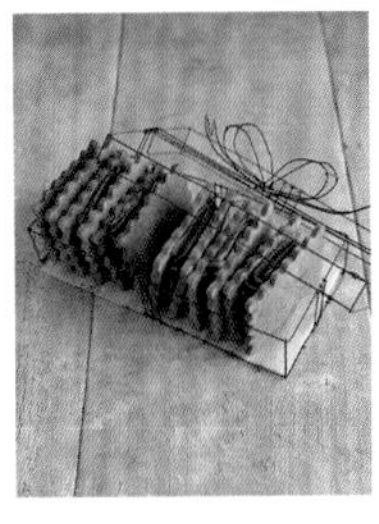
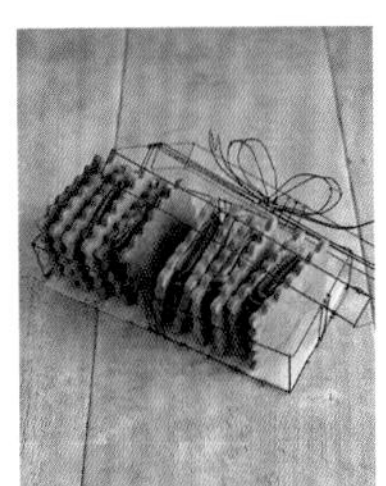

## 冰淇淋＆巧克力小點心

Column

巧克力＆酒的美味關係



適合搭配巧克力的酒品



### 本書使用方法

- 1小匙是5ml，1大匙是15ml，1杯是200ml，1ml為1cc。
- 作法中的火候部分，如果沒有特別標記，請以中火調理。
- 標記常溫時，請以20°C左右為準。
- 本書使用的微波爐為600W機型。若使用的是500W的機型，請將加熱時間增加至1.2倍。
- 烤箱溫度和烘焙時間為參考用。請依自家烤箱的機種和烘烤情況調整。其他的調理用具，也請在詳細閱讀使用說明書後正確使用。
- 冷卻凝固所需的時間，則依冰箱設定的溫度和冰箱內的環境而有所差異。

# 認識巧克力

本書食譜皆使用市售的板狀巧克力（一片約50g）製作。
經濟實惠且薄度容易切碎或直接以手剝開。
市售的巧克力大多經過調味，
無須另外添加太多的材料，也能展現巧克力的美味。

## 板狀巧克力的種類

### 牛奶巧克力

添加乳製品（全脂奶粉、脫脂奶粉）的巧克力。特色是含有牛奶獨特柔滑口感和濃醇奶香，適合搭配清爽、奶味濃郁或香氣不會太過強烈的食材。

**適合搭配的食材**

例／生薑、肉桂、薄荷、杏仁等

### 黑巧克力

未添加或微量添加乳製品、可可含量在40%至60%的巧克力。有著獨特的苦味和酸味，適合搭配同樣帶有苦味或經過煙燻等味道鮮明的食材。

**適合搭配的食材**

例／胡椒、醬油、紅辣椒、迷迭香等

### 白巧克力

以可可豆的「可可脂」為原料，並添加了牛奶、砂糖作成的巧克力，幾乎沒有苦味。適合搭配帶有酸味或香甜的食材。

**適合搭配的食材**

例／檸檬、抹茶、小豆蔻、香草、莓果類等

**巧克力的保存注意事項**

- 巧克力不耐高溫和濕氣，夏天製作時，請開啟空調以調節室溫和濕度。
- 巧克力在冰箱冷藏凝固後，若是突然拿到室溫較高處，巧克力的周圍容易產生水滴。
  再靜置一段時間，表面會變得白白的（糖晶sugar bloom），請特別注意。
- 巧克力適合的溫度是15°C至22°C左右。
  放冰箱保存可能會讓品質變差，因此除了夏天之外，請置於常溫下保存。
  建議保存在無陽光直射且濕氣低的涼爽處。

基本準備工作❶

# 隔水加熱融化

巧克力是非常細緻的食材。
直接以火加熱，可能會導致燒焦、成分變質而凝固，
使得風味盡失，所以必須採隔水加熱法融化。
以50°C左右的溫度慢慢融化，即可融得光滑漂亮。

1

### 以手將巧克力剝成小塊

沿著板狀巧克力的格子剝碎，放入比鍋子的直徑再大一圈的調理盆中。

2

### 將調理盆放在50°C左右的溫水上

鍋子裝水，加熱至50°C左右後熄火，放上調理盆使調理盆底接觸熱水，蓋上乾毛巾靜置一段時間，讓熱氣傳至巧克力。

3

### 以橡皮刮刀攪拌

待巧克力稍微融化以後，從底部輕輕地往上翻攪拌勻，讓沒有融化的部分移到下方。

4

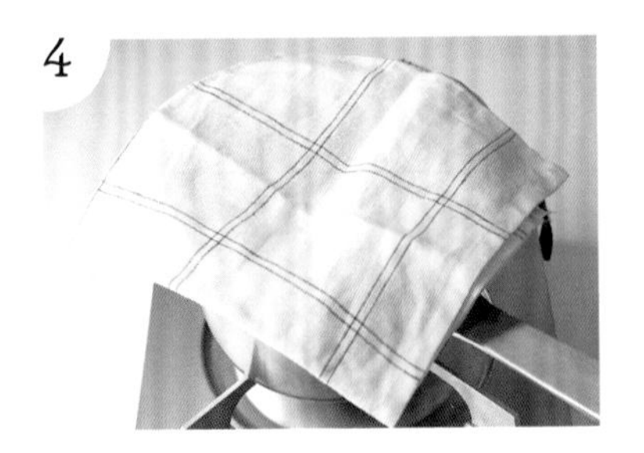

### 蓋上乾毛巾保濕 讓巧克力慢慢融化

再次蓋上乾毛巾靜置一段時間。重複以橡皮刮刀拌勻的步驟，直至完全融化沒有顆粒。

5

### 巧克力呈現光滑狀 即表示加熱完成

若有殘留顆粒，可以刮刀輕敲加速融化。請勿攪拌過快，避免產生氣泡。

基本準備工作❷

# 製作甘納許

甘納許是指在巧克力中加入鮮奶油、奶油和洋酒等材料，作成柔滑的巧克力醬。
細緻高雅、化口性佳，常用來製作生巧克力或松露巧克力的基底。
使用已經調味好的市售板狀巧克力，加入鮮奶油就很好吃。

### 1 將巧克力切碎，放入調理盆中

巧克力加了鮮奶油後會很難融化，請盡量切碎一點。先在砧板上鋪一層烘焙紙，較容易移入鍋中。

### 2 將鮮奶油煮至沸騰

將鮮奶油倒入鍋中，煮至稍微沸騰後熄火。

※巧克力與鮮奶油水分的基本比例為2：1。若加入酒類，應依比例減少鮮奶油的份量。

### 3 將鮮奶油淋在巧克力上，蓋上乾毛巾

將煮沸後的鮮奶油平均淋在巧克力上，再蓋上乾毛巾。夏天約放置2至3分鐘、冬天約放置5分鐘，巧克力就會融化完全。

### 4 以打蛋器拌勻成乳霜狀

一開始先慢慢攪拌，待拌勻後再加速攪拌，拌至呈現光滑的乳霜狀。如果沒有完全融化，可以放在50°C的溫水上隔水加熱融化。

#### 如果巧克力分離……

若減少相對於巧克力的水分比例，或在溫度上升前就先攪拌，容易造成分離或結塊。

若其他材料中含有水分（酒或檸檬汁等）請在鮮奶油前加入；若不含水分，則可一小匙、一小匙地慢慢加入分量外的鮮奶油，使巧克力恢復原狀（加過多則會難以凝固）。

※製作甘納許的鮮奶油，必須使用動物性、乳脂肪含量40％以上的鮮奶油。
若使用40％以下或植物性鮮奶油，巧克力則無法凝固。

基本準備工作❸

# 調溫

藉由精細的溫度調整，讓巧克力中所含的可可脂結晶呈現安定的狀態，稱為「調溫」。
「調溫」可使巧克力保有柔滑的口感，也是讓巧克力擁有美麗光澤的重要程序。
依巧克力的種類，設定的溫度也有所不同。

1

### 將切碎的巧克力隔水加熱融化

巧克力依1：4的比例，分為刀切和手剁兩種。手剁的巧克力，以50°C的溫水隔水加熱融化。

2

### 融化後確認溫度（40°C至45°C為佳）

將調理盆拿離溫水，測量溫度約40°C至45°C為佳，若超過50°C，表示隔水加熱的水溫過高。待溫度下降後，進行下一步驟。

3

### 慢慢加入切碎的巧克力

將切碎的巧克力分次慢慢加入，並以抹壓的方式攪拌，加速巧克力融化。融化後再反覆加入巧克力攪拌。

4

### 巧克力融化後，再次測量溫度

如果加入巧克力後，變得很難融化，請再次確認溫度，達到右表的溫度時，即表示調溫完成。

※溫度太高時，可以加入切碎巧克力（分量外），再次融化。

5

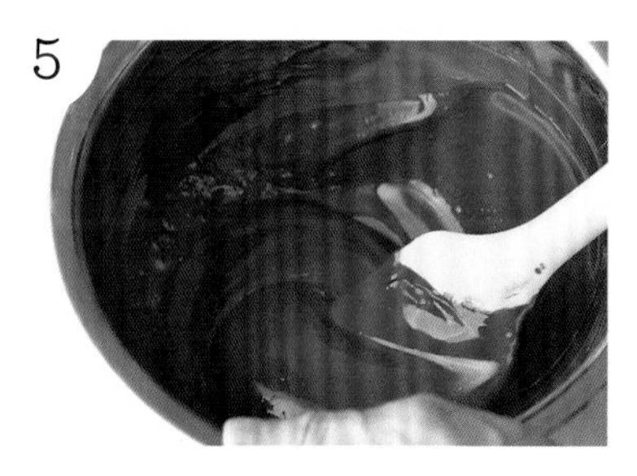

### 一邊保持溫度，一邊動作

接下來，為了不讓巧克力的溫度下降，必須快速動作。若溫度下降，可以再隔水加熱，上升至右表的溫度。

※將剩下的巧克力倒在烘焙紙上固定成板狀，就可以當成板狀巧克力再利用。

**調溫結束的溫度**

| | |
|---|---|
| 牛奶巧克力 | 30°C至31°C |
| 黑巧克力 | 31°C至32°C |
| 白巧克力 | 29°C至30°C |

※將少量的巧克力放在常溫下凝固，3至4分鐘後凝固就是成功了。如果沒有凝固，而是出現白色條紋，就再隔水加熱至45°C，加入切碎的巧克力（分量外）重新操作一次。

# 工具

本篇要介紹的是製作巧克力或巧克力甜點時，
需要準備的工具。
對巧克力而言，水分是大敵，殘留在工具上的水分，
可能就是導致巧克力失敗的原因，請務必確實拭乾水分，
讓工具保持乾燥的狀態，再進行製作。

## 基本工具

### 調理盆

輕巧、導熱性佳的不鏽鋼製品為最佳。建議選用稍微深一點的調理盆，較容易保持巧克力的溫度。

### 鍋子

隔水加熱、加熱食材、烹煮時使用。使用比調理盆小一圈的煮鍋較方便操作。

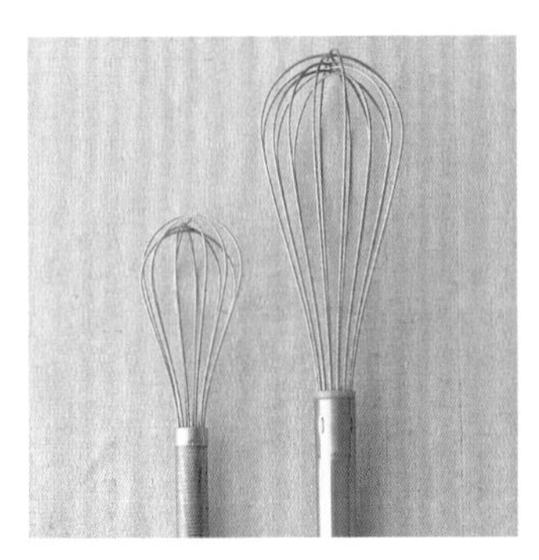

### 打蛋器

打發、混合材料時使用。請選擇鐵網較緊實的打蛋器，並準備多種尺寸備用。

## 操作輕鬆的工具

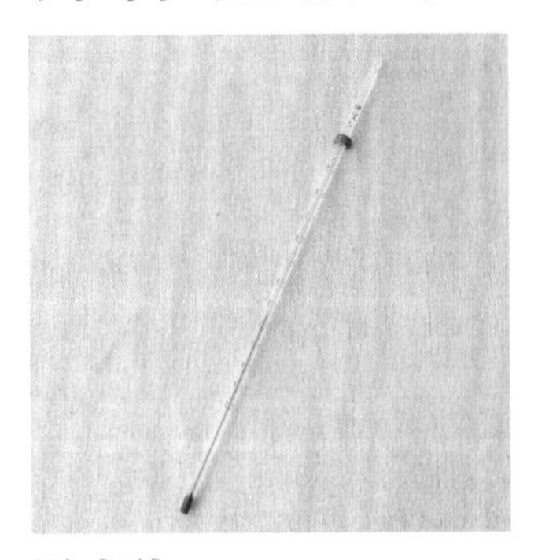

### 溫度計

隔水加熱或調溫時，經常需要測量溫度。選擇能夠測量至100˚C的棒狀溫度計，較方便使用。

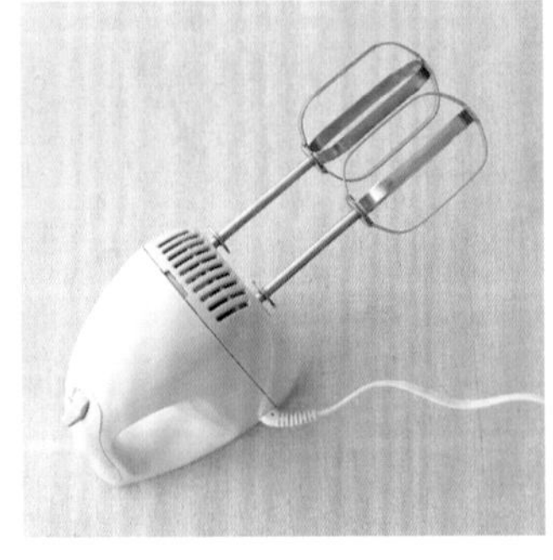

### 手持攪拌機

可以在短時間內打發鮮奶油或蛋白等食材。用來攪拌有硬度的奶油或奶油起司，非常方便。

### 擠花袋和花嘴

將花嘴安裝在擠花袋前端，袋中放入麵糊或鮮奶油再擠出。花嘴請至少準備圓形和星形兩種。

## 刮刀

要將較硬的材料拌軟或將材料拌勻時使用。請準備木製與耐熱橡膠材質刮刀各一。

## 篩網

過篩粉塊或液體時使用，可使材料細緻柔滑。粉類過篩後會含有空氣，變得更加輕盈。

## 深烤盤・烤模

除了可以倒入材料凝固定型，亦可當作工作檯使用。烤模除了準備基本款的圓形和布丁形之外，如果有方形盤就更方便了。

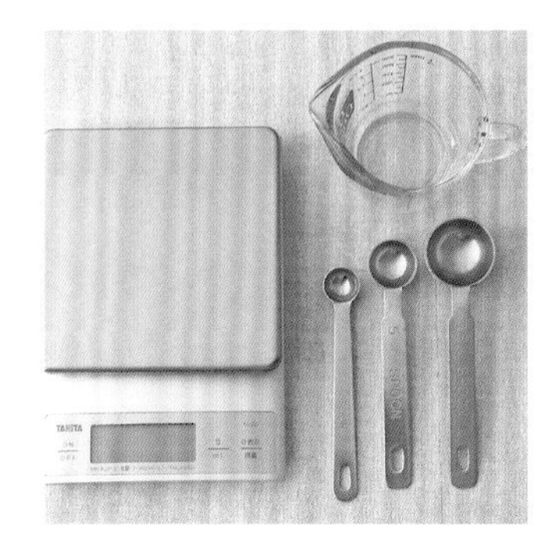

## 計量工具

對精緻的甜點而言，準確的計量非常重要。計量工具除了量匙、量杯之外，電子秤也是必備品。

## 烘焙紙

烘烤時用來鋪在烤盤上避免沾黏，在此也可以當作巧克力放置冷卻凝固的墊紙。若可以將烘焙紙完整漂亮地撕除，即表示巧克力已確實凝固。

## 抹刀和刮板

可以漂亮、均勻地抹平奶油或切割成團的材料，用途十分廣泛。

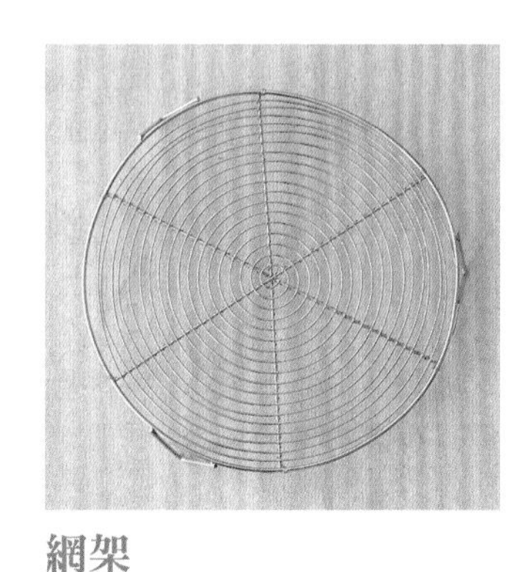

## 網架

讓烤好的甜點放涼的網架。透氣性佳，不會使熱氣殘留，並能夠快速冷卻。很適合放置剛出爐的烤焙品或放涼巧克力時使用。

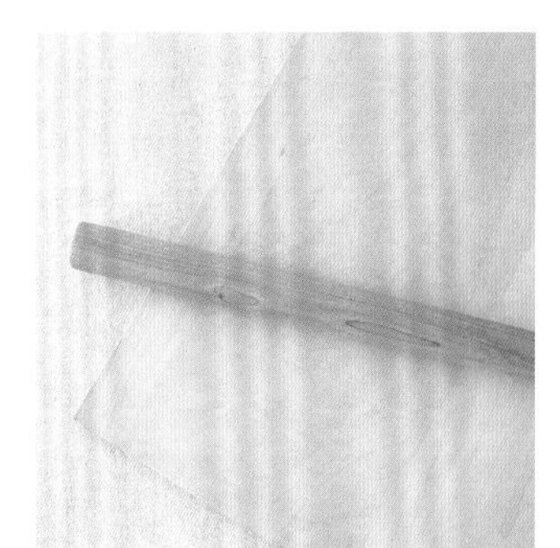

## 擀麵棍&作業檯

選用40cm左右的木製擀麵棍，最為順手便利。在擀麵棍下方鋪一條濕毛巾，較不會隨處滑動，操作更輕鬆。

# 材料

本書食譜所使用的材料，皆可在一般超市購得。
以下詳細說明每種材料的挑選訣竅及調理方法，
以及巧克力的契合度，製作前一定要看仔細囉！

## 基底食材&餡料

### 蛋

烘焙點心和蛋糕不可或缺的基底材料。M至L尺寸，淨重約55g至60g的蛋最佳。

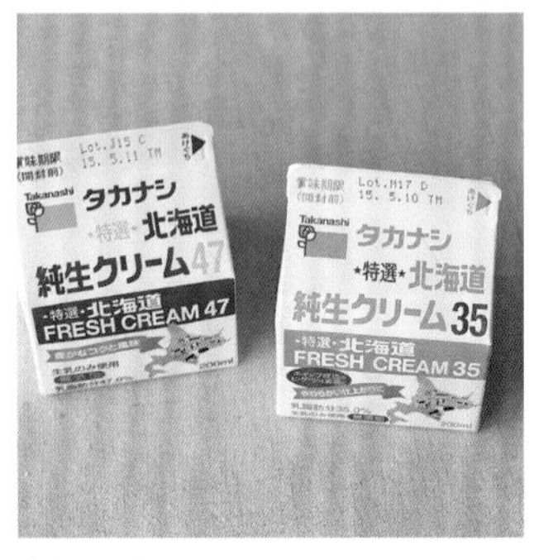


### 鮮奶油

鮮奶油的口感和韻味，會影響成品的風味，所以一定要選用動物性鮮奶油。特別是甘納許，最好使用乳脂肪含量40％以上的鮮奶油。

### 砂糖

本書食譜大部分以上白糖製作。莎布蕾麵團或裝飾用糖，可使用化口性佳的糖粉，製作焦糖時則可使用細砂糖。

### 奶油

製作甜點（含巧克力）時，大多使用無鹽奶油。請勿使用原料及風味都大不相同的乳瑪琳製作。

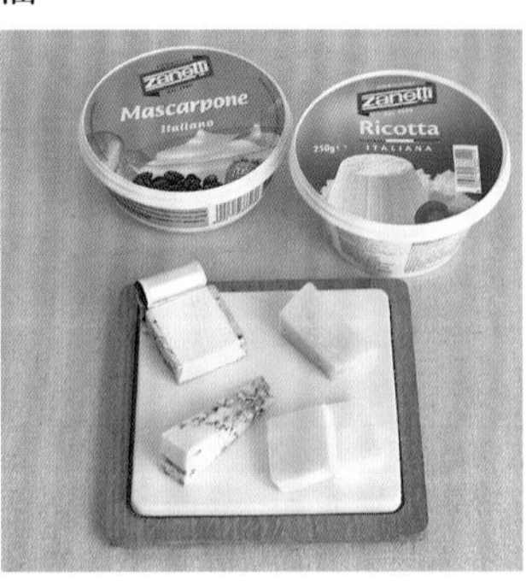


### 起司

巧克力和起司都是發酵食品，非常對味。起司的高脂肪和些微的鹹味，簡單帶出巧克力的韻味。

### 堅果

常用來搭配巧克力的代表性堅果有杏仁、核桃、腰果等。如果購買生堅果，請先烘烤後使用，有些食譜可使用市售的零嘴堅果製作。

### 果乾

水分較新鮮水果少，味道更濃縮，很適合搭配巧克力使用，酸味或香氣重的果乾更是絕配。

# 增添風味&香氣

### 酒

添加少許的酒能帶出高級感，作出風味豐富的巧克力。再搭配其他食材，作出自己喜歡的口味。

### 紅茶

伯爵紅茶非常適合搭配黑巧克力。使用茶包製作即可，方便控制份量，也可突顯風味。

### 抹茶

適合搭配白巧克力，顏色也很引人注目。一般市售品即可，不必選用烘焙用的抹茶粉。開封後請放冰箱保存，並盡早使用完畢。

### 醬油

醬油和巧克力同樣是發酵食品，意外地很對味。可以享受到濃郁香醇又「鹹甜鹹甜」的好滋味。

### 優格

清爽的酸味和可可的風味絕配。本書的食譜均使用無糖的原味優格。

### 香草類

香草的香氣不一，請一定要使用新鮮的香草製作。迷迭香適合搭配黑巧克力，薄荷則適合搭配牛奶及黑巧克力。

### 香料類

可用來降低巧克力的甜度，為口味增添變化。加入香料能增添大人風味，更貼近適合配酒的好滋味。

# 風味特別的單顆巧克力

因為考慮到拿取和食用方便性，作成小巧的一口大小，
同時也滿足「少量多樣」的嚐鮮感。
適合當作送給重要對象＆自己的最美好的禮物。

## 生巧克力

柔滑的口感和細緻的化口性，是生巧克力的魅力。
切成塊狀並列，讓人聯想到石板路，
因此，在法國也被稱為pave de chocolate（巧克力石板路）。
除了紅酒之外，搭配燒酎、白蘭地等蒸餾酒也非常適合，
可突顯出可可的香氣，享受奢華的美味。

生薑

燒酎

濃郁抹茶

# 生巧克力

**材 料**（18×13cm的深烤盤，各1盤份）

## 生薑

- 牛奶巧克力……175g
- 鮮奶油……75ml
- 薑絲……4至5片
- 薑汁……2小匙
- 糖粉……適量

## 濃厚抹茶

- 白巧克力……180g
- 鮮奶油……90ml
- 抹茶……1大匙（5g）
- 君度橙酒……2小匙
- 抹茶……適量

## 燒酎

- 黑巧克力……175g
- 鮮奶油……50ml
- 燒酎……2大匙
- 可可粉……適量

**前置準備**

＊深烤盤內鋪上一層烘焙紙。

1

將深烤盤橫放在烘焙紙上，上下的側面部分，要裁剪成比深烤盤的高度再稍微長一點。配合底部面積，將紙往內摺。

2

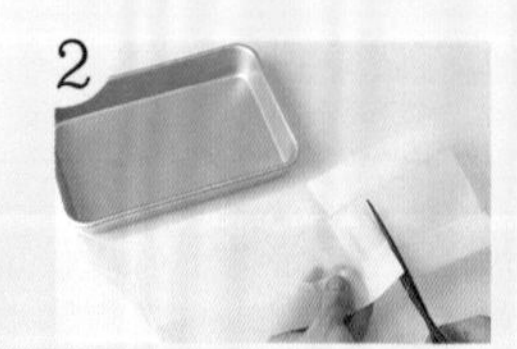

側面部分一樣往內摺，剪得比深烤盤稍微長一點。

3

在四個角落重疊的部分剪開切口。

4

放置在深烤盤上。

## 生薑巧克力的作法

1 巧克力切細碎，放入調理盆中。

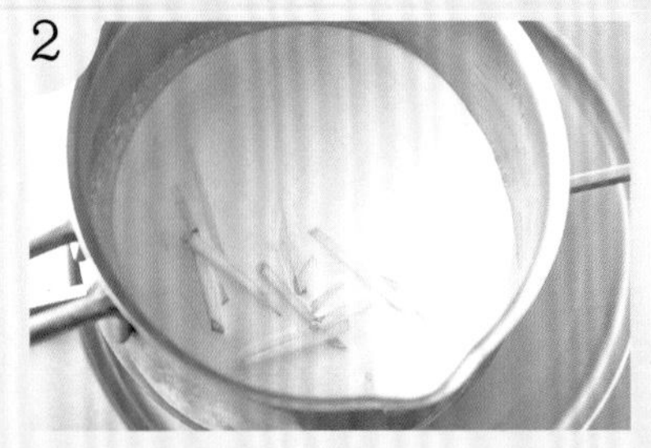

2 鍋中放入鮮奶油、薑絲後開火加熱。沸騰後熄火，蓋上蓋子燜5分鐘。

3 將步驟1過篩後，加入步驟2中，再以刮刀擠壓出鮮奶油。蓋上乾毛巾，靜置2至3分鐘，等待巧克力融化。

4 以打蛋器慢慢拌勻。分次慢慢加入薑汁，攪拌至柔滑狀。

※若難以融化，可以再隔水加熱（參考P.7隔水加熱）。

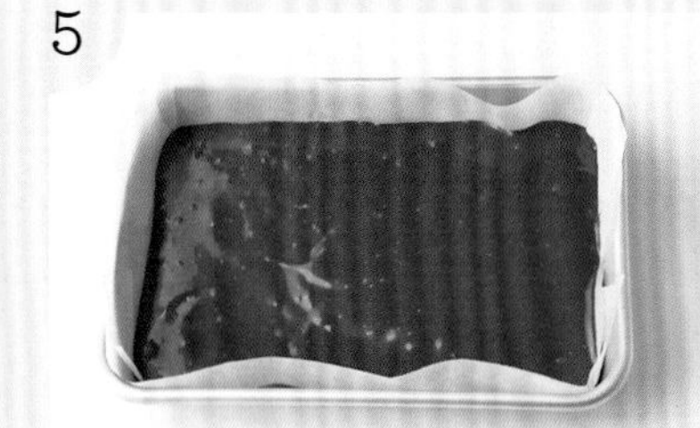

5 倒入深烤盤中抹平，放冰箱冷藏2小時，待其冷卻凝固。

6 凝固後，切成2cm至2.5cm的塊狀，並撒上糖粉。

## 濃郁抹茶巧克力的作法

1 巧克力切細碎，放入調理盆中。
2 鍋中放入鮮奶油後開火加熱。沸騰後熄火，倒入步驟1中，蓋上乾毛巾，靜置2至3分鐘。
3 以打蛋器慢慢拌勻。加入**半量的君度橙酒**，攪拌至柔滑狀。
※若難以融化，可以再隔水加熱。
4 加入**抹茶**仔細拌勻，再加入**剩下的君度橙酒**，攪拌至柔滑狀。
5 倒入深烤盤中抹平，放入冰箱冷藏2小時以上，待其冷卻凝固。
6 凝固後，切成2至2.5cm的塊狀，撒上**抹茶粉**。

## 燒酎巧克力的作法

1 巧克力切細碎，放入調理盆中。
2 鍋中放入鮮奶油後開火加熱。沸騰後熄火，倒入步驟1中，蓋上乾毛巾靜置2至3分鐘。
3 以打蛋器慢慢拌勻。加入一半的**燒酎**，攪拌至柔滑狀。
※若難以融化，可以再隔水加熱。
4 倒入深烤盤中抹平，放入冰箱冷藏2小時以上，待其冷卻凝固。
5 凝固後，切成2至2.5cm的塊狀，撒上**可可粉**。

# 松露巧克力

加入和風食材或異國風味香料，
作出嶄新面貌，讓巧克力的美味更上一層樓！
黑巧克力，搭配勾勒出醬油煙燻香氣的威士忌；
白巧克力，搭配華麗甜蜜的玫瑰氣泡酒，
濃郁的酒香在口中無限蔓延……

黑巧克力×醬油胡椒

白巧克力×小荳蔻

**材料（各14個份）**

## 黑巧克力×醬油胡椒

**甘納許**

黑巧克力……………………………………100g
鮮奶油………………………………………50ml
醬油…………………………………………1小匙
粗黑胡椒………………………………$\frac{1}{8}$小匙

**披覆用**

黑巧克力……………………………………200g

## 白巧克力×小荳蔻

**甘納許**

白巧克力……………………………………90g
鮮奶油………………………………………45ml
小豆蔻（粉）…………………………$\frac{1}{2}$小匙

**披覆用**

白巧克力……………………………………200g

**前置準備**

＊甘納許用巧克力切細碎備用。

**作法**

1

將鮮奶油倒入鍋中，開火加熱。沸騰後熄火，加入切碎的巧克力，蓋上乾毛巾靜置2至3分鐘，待巧克力融化。

2

以打蛋器慢慢拌勻，拌至柔滑狀後，加入醬油、胡椒（白巧克力×小荳蔻口味則是加小荳蔻）拌勻。

※若難以融化，可以再隔水加熱（參考P.7隔水加熱）。

3

倒入深烤盤等模型中，放入冰箱冷藏1小時，待其冷卻凝固。

4

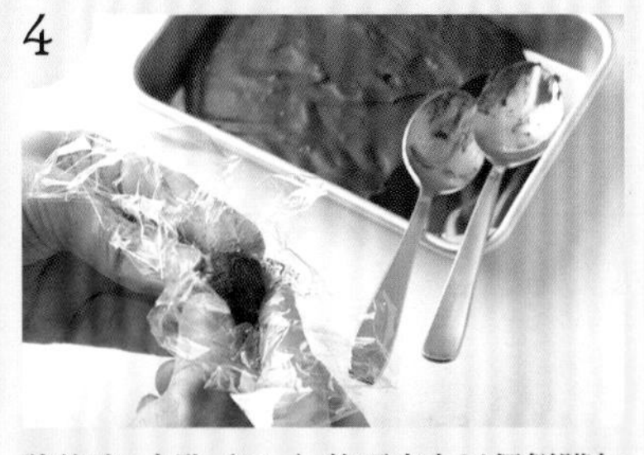

將約略2小匙（10g）的巧克力以保鮮膜包成小球狀，再次放入冰箱冷藏30分鐘至1小時。包裹時若巧克力稍微凝固，可以連同保鮮膜一起搓成圓球。

5

披覆用的巧克力進行調溫（參考P.9）。

6

將步驟4的保鮮膜取下，重新調整成圓形，再放入冰箱冷藏。

7

將少量的步驟5沾在手上，放上步驟6的巧克力球，轉動手掌讓巧克力球沾滿巧克力。

8

凝固後，將巧克力球一顆顆放入步驟5中，以叉子讓整顆巧克力球包覆一層巧克力。將巧克力球放在涼架上，讓多餘的巧克力滴落。

9

稍微凝固後，滾動巧克力球，使表面產生紋路，再靜置於常溫中凝固即可。

# Bonbon巧克力

Bonbon巧克力是一口大小的巧克力的總稱。
加入香草可增添清涼感，享受輕甜和微苦交織的美味。
檸檬薄荷巧克力可以搭配一杯冰得清涼的白酒享用，
迷迭香巧克力則是搭配紅酒或香料酒最棒！

牛奶巧克力×檸檬薄荷

黑巧克力×迷迭香

# Bonbon巧克力

**材 料（15×10cm的深烤盤，24至28個份）**

## 牛奶巧克力×檸檬薄荷

**甘納許**

牛奶巧克力……100g
鮮奶油……50ml
薄荷（新鮮）……5g
磨碎檸檬皮……少許
檸檬汁……1小匙

**披覆用**

牛奶巧克力……200g

**裝飾用**

糖漬檸檬、開心果……各適量

**前 置 準 備**

* 深烤盤鋪一層烘焙紙。
* 開心果對半切開，並將糖漬檸檬切成3mm小丁。

## 黑巧克力×迷迭香

**甘納許**

黑巧克力……100g
鮮奶油……60ml
迷迭香葉切細絲（新鮮）……1小匙

**披覆用**

黑巧克力……200g

**裝飾用**

黑巧克力、迷迭香……各適量

**前 置 準 備**

* 深烤盤鋪一層烘焙紙。
* 裝飾用的巧克力切細碎。

### 牛奶巧克力×檸檬薄荷巧克力的作法

1

敲打薄荷葉釋放出香氣，以手撕碎後放入鍋中。加入鮮奶油，煮至沸騰後熄火，蓋上蓋子燜五分鐘。

2

將巧克力隔水加熱融化（參考P.7隔水加熱）。

3

步驟1過篩加入步驟2中，仔細擠壓出鮮奶油，再以打蛋器慢慢拌勻。

4

加入檸檬汁攪拌，拌至柔滑狀後，磨一些檸檬皮加入&拌勻。

5

倒入深烤盤中抹平，放冰箱冷藏2小時，待其冷卻凝固。

6

披覆用的巧克力進行調溫（參考P.9）。

7

將步驟5的巧克力從深烤盤中取出，以抹刀抹上一層薄薄的步驟　。

8

待凝固後，將抹有巧克力的那一面朝下，切成2cm的四方形。

9

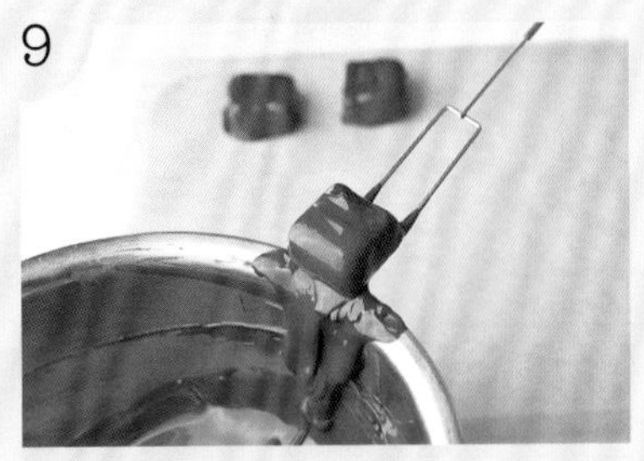

將巧克力一塊放入步驟6中，以叉子轉動，使整塊巧克力披覆一層巧克力，再將抹有巧克力的面朝下拿起，滴落多餘的巧克力後，放在烘焙紙上。

10

趁還沒凝固前，放上裝飾食材，靜置於常溫中凝固。

## 黑巧克力×迷迭香巧克力的作法

1 將迷迭香放入鍋中，加入鮮奶油，開火加熱。沸騰後熄火，蓋上蓋子燜5分鐘。
2 巧克力隔水加熱融化。
3 將步驟1過篩加入步驟2中，仔細擠壓出鮮奶油，再以打蛋器慢慢拌勻至呈柔滑狀。

※以下步驟同牛奶巧克力×檸檬薄荷作法的步驟5至10。

Havana
Club

# 鹹焦糖風味杏仁巧克力

香氣十足的焦糖杏仁與牛奶巧克力是絕配！
外觀看起來相當高雅，但意外地和黑啤酒、黑蘭姆酒等帶一點嗆味的酒很相搭。
鹽味在引出巧克力的韻味同時，也成了連結巧克力與風味強烈酒類的橋樑。

**材 料**（約200g份）

牛奶巧克力……………………………125g
細砂糖……………………………………30g
鹽………………………………………… ¼小匙
水………………………………………1大匙
杏仁粒（鹽味）………………………100g
有鹽奶油……………………………………5g
可可粉……………………………………適量

**作 法**

1

鍋中放入細砂糖、鹽及水，開火加熱。煮至沸騰後，再慢慢地煮至細砂糖溶化。

2

加入杏仁粒，轉小火，以木勺不停攪拌。一段時間後，細砂糖會結晶化，變成白色。

3

接著繼續攪拌，待細砂糖溶化變成焦糖色後熄火，加入奶油使其融化。

4

將步驟3放在烘焙紙上，以筷子一顆顆分開，靜置放涼。

5

巧克力進行調溫（參考P.9）。

6

將步驟4 放入稍大的調理盆中，加入約2大匙的步驟5，混合均勻。待表面凝固後，再加入2大匙步驟5拌勻。

7

重複包裹巧克力的動作，直至全部完成後，再將杏仁分散放在烘焙紙上。

8

趁巧克力尚未完全凝固前，過篩撒上一層可可粉。再將杏仁巧克力放入篩網中，篩掉多餘的可可粉，靜置於常溫中，待其完全凝固。

# 鹽味檸檬堅果巧克力碎片

只要融化再凝固即可完成的超簡單巧克力。
甜味和鹹味配合得恰到好處，口感極具深度及層次感。
搭配同樣是柑橘系的君度橙酒的雞尾酒，或甜酒之王貴腐酒，
令人身心放鬆的清香與微甜，非常適合在小憩時享用。

**材 料**（3至5cm方形 約20片份）

白巧克力……180g
杏仁角……20g
糖漬檸檬……20g
鹽……$\frac{1}{8}$小匙

**前 置 準 備**

＊杏仁角先放入烤箱，以160°C烤6至7分鐘，放涼備用。
＊糖漬檸檬切成5mm小丁。

**作 法**

1

巧克力進行調溫（參考P.9）。

2

加鹽後充分拌勻，再加入杏仁角、糖漬檸檬拌勻。

3

深烤盤上鋪一層烘焙紙，倒入步驟 鋪成20×15cm左右的薄片，靜置於常溫下待其凝固。

4

凝固後，以手剝成方便食用的大小。

## 材 料（各14個份）

牛奶巧克力……150g
杏仁粒（鹽味）……14粒
開心果……7粒
蔓越莓、葡萄乾……各14粒

**前置準備**

＊將開心果對半切開。

## 作 法

1

巧克力進行調溫（參考P.9）。

2

舀一茶匙左右的步驟 1 至烘焙紙上，調整成直徑4cm左右的圓形。

3

趁巧克力凝固前，放上杏仁粒、開心果、蔓越莓和葡萄乾，靜置於常溫中待其凝固。

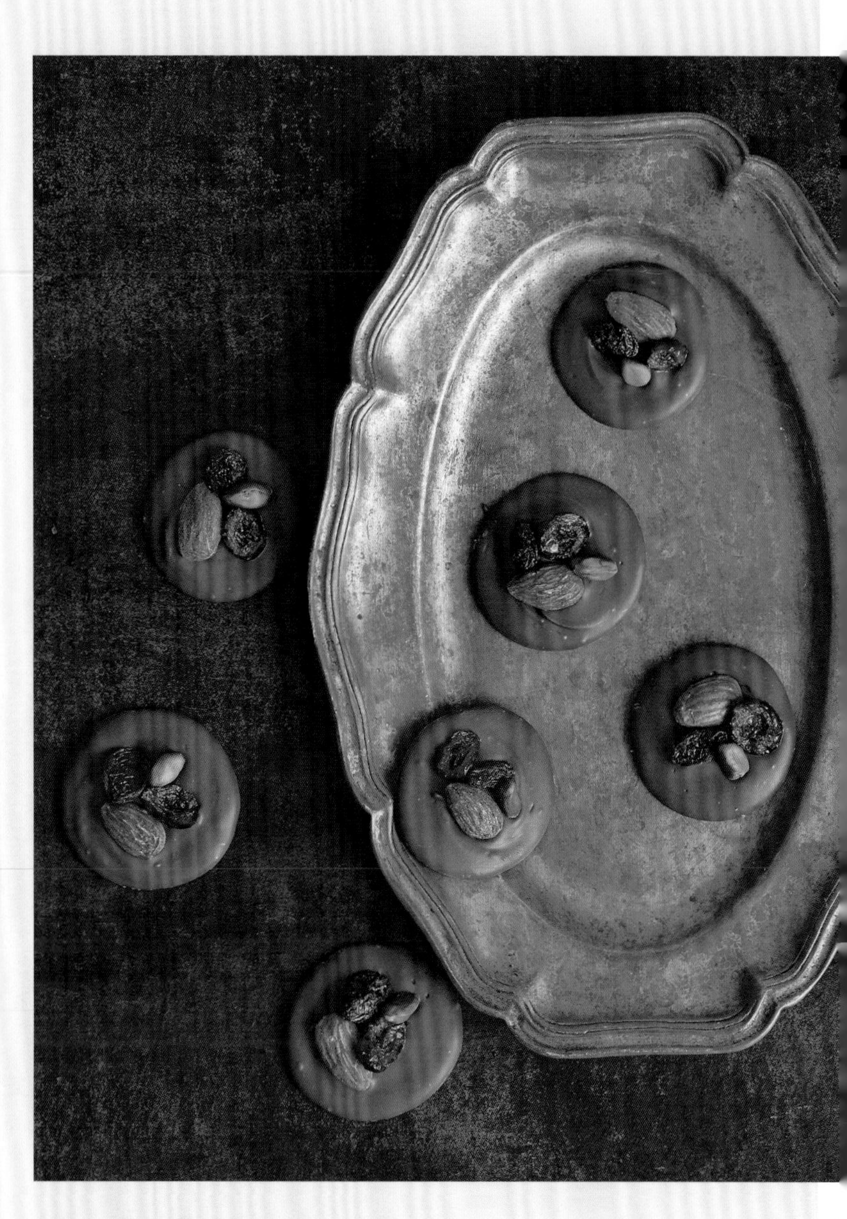

# 蒙蒂翁巧克力

薄薄一片的巧克力上，妝點著堅果和果乾。
這是一款發源於法國阿爾薩斯的巧克力甜點，
適合搭配阿爾薩斯風的果實風味紅酒享用。

# 氣泡酒＆白巧克力的棉花糖

棉花糖恰到好處的彈性，在口中一下子融化開來，
是一款可愛又迷人的甜點。
融入白巧克力的濃郁甜蜜，勾勒出誘人的韻味。
再加入氣泡酒或發泡日本酒，感受「泡沫」的魅力吧！

**材 料**（18×13cm的深烤盤1盤份）
※非素

白巧克力……30g
吉利丁粉……7g
氣泡酒……40ml
**蛋白霜**
蛋白……1顆份
細砂糖……50g

**前 置 準 備**
* 深烤盤鋪一層烘焙紙。
* 吉利丁粉過篩加入的氣泡酒中，靜置約10分鐘使其膨脹。

**作 法**

1

將巧克力隔水加熱融化（參考P.7隔水加熱）。

2

製作蛋白霜。將蛋白放入調理盆中打發。稍微打發後，將材料中的細砂糖1大匙分兩次加入，繼續打發至蛋白霜呈尖角狀。

3
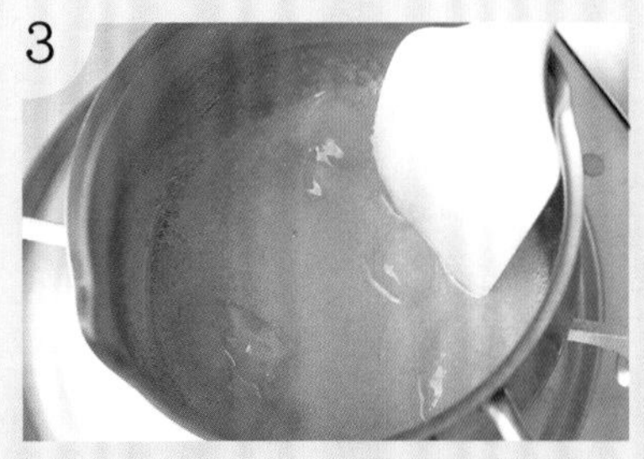
將膨脹好的吉利丁放入鍋中，開火加熱，同時攪拌融化。融化後加入剩餘的細砂糖，煮至細砂糖溶解。

4

趁步驟3還熱時，分次加入步驟2，一邊添加，一邊打發。

5

待熱氣散去後，繼續打發至濃稠狀。

6

加入步驟1的巧克力，快速以橡皮刮刀拌勻。

7

倒入深烤盤中抹平，放入冰箱冷藏30分鐘，待其冷卻凝固。

8

凝固後脫模，切成2cm小方塊。

# 糖漬橙片巧克力

這個組合雖然常見，但每次享用，都會帶來不一樣的驚喜與新鮮感。
糖漬橙片和黑巧克力的苦味相互襯托，交融成大人專屬的美味。
是一道令人想搭配純飲威士忌，在舌尖上慢慢打轉，細細品味的甜點。

**材 料（20片份）**

黑巧克力……………………………200g
糖煮切片甜橙（市售）………………20片

**前 置 準 備**

＊烤箱預熱至100°C。
＊烤盤先鋪一層烘焙紙，再放上網架。

**作 法**

1

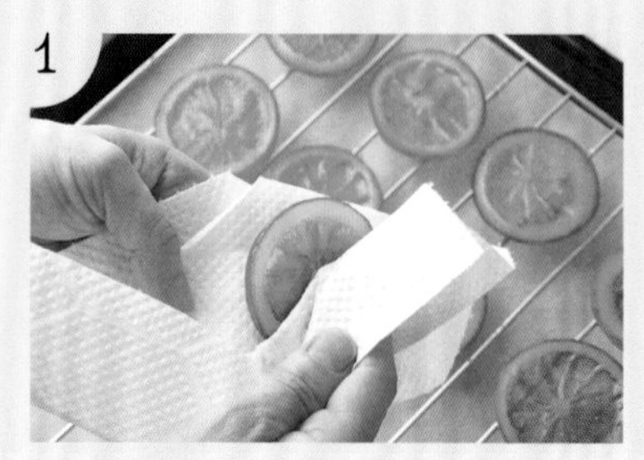

以廚房紙巾將糖漬橙片表面的水分完全擦乾，排放在網架上。

2

放入100°C的烤箱中，將兩面各烘烤20分鐘。出爐後取出，放置於室溫中1至2小時，等待乾燥。

3

巧克力進行調溫（參考P.9）。

4

將步驟2的橙片沾取步驟3約2/3大小，滴落多餘的巧克力後，靜置於常溫中凝固。

*Column*

## 巧克力&酒的美味關係 *vol.1*

巧克力搭配酒享用時，可選擇與巧克力的香氣和滋味相稱的酒類，例如：葡萄酒。味甜濃郁的巧克力適合搭配帶有甜味的白酒或氣泡酒；苦味的巧克力適合搭配蘊含果香的紅酒。尋找襯托彼此魅力的絕妙組合，也是製作巧克力的一大樂趣。

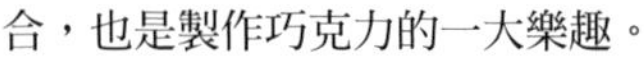

# 地瓜巧克力

白蘭地酒漬地瓜裹上一層牛奶巧克力，
製成這一款洋溢著豐富的酒香和牛奶韻味的大人味甜點。
最適合搭配同樣以地瓜為原料的芋燒酎一同享用，
地瓜和牛奶巧克力的柔和甜味，絲絲滲入舌尖，令人想一嚐再嚐。

**材 料（16至18個份）**

牛奶巧克力……………………………… 300g
地瓜………………… 250g（淨重220至230g）
砂糖……………………………………………15g
無鹽奶油………………………………………20g
鹽………………………………………………1小撮
白蘭地…………………………………………1小匙
肉桂粉……………………………… $\frac{1}{8}$ 小匙

**前 置 準 備**

＊地瓜洗淨後去皮，切成2cm厚的圓片，瀝乾水分。

**作 法**

1

將地瓜放入鍋中，倒入能蓋過地瓜的水，加熱煮至地瓜變軟。

2

竹籤可以輕易戳入的狀態，即加熱完成。撈起地瓜並擦乾水分後，再次將地瓜放回鍋中，開火乾煮，不停翻動地瓜，待水分蒸發後熄火。

3
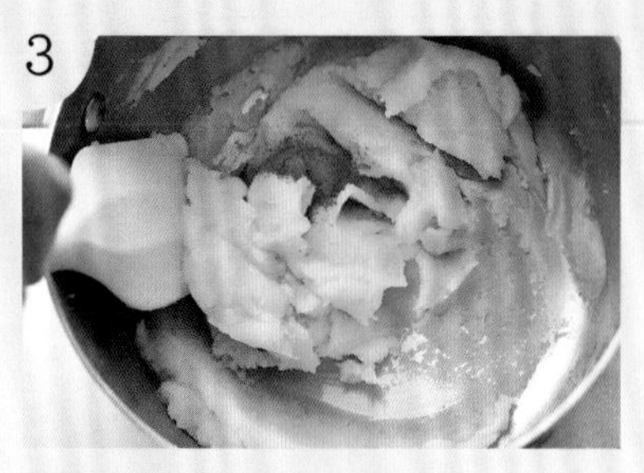
趁熱將地瓜搗成泥狀，加入砂糖、奶油和鹽攪拌均勻。若有殘留的水氣，可以開小火攪拌。完成後再加入肉桂粉、白蘭地拌勻。

4
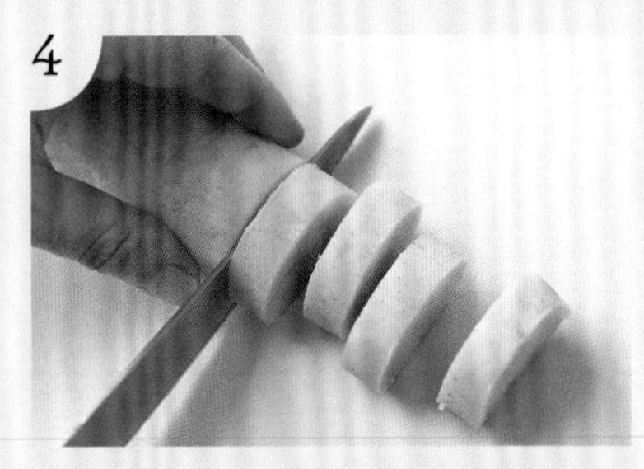
待熱氣散去後，以保鮮膜包成直徑3cm左右的圓柱狀，放冰箱冷藏。變硬固定後，切成1cm左右的圓片。

5

巧克力進行調溫（參考P.9）。

6

舀1/2茶匙左右的步驟5至烘焙紙上，調整成直徑3cm左右的圓形。完成與步驟4相同的數量，並將步驟4放在巧克力上，放入冰箱，待其冷卻凝固。

7
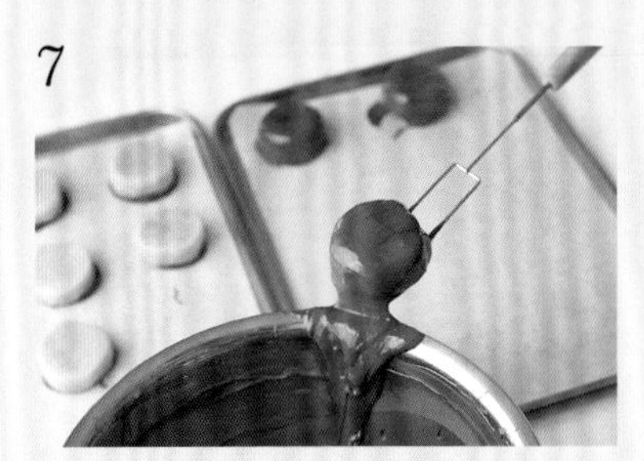
凝固後，將地瓜一片片放入步驟5中，以叉子轉動地瓜，使整片地瓜披覆一層巧克力。再將原有巧克力的那面朝下拿起，滴落多餘的巧克力後，放在烘焙紙上，靜置於常溫中，待其凝固。

# 柿種米果巧克力

這是一款和風rocher岩山巧克力。
咬一口鹹甜的滋味和酥脆的口感，令人無限著迷。
搭配碳酸口感的高球雞尾酒或燒酎兌蘇打水，十分對味。

**作 法**

1

巧克力進行調溫（參考P.9）。

2

將柿種米果加入步驟1中，攪拌至全粒皆沾附巧克力。

3

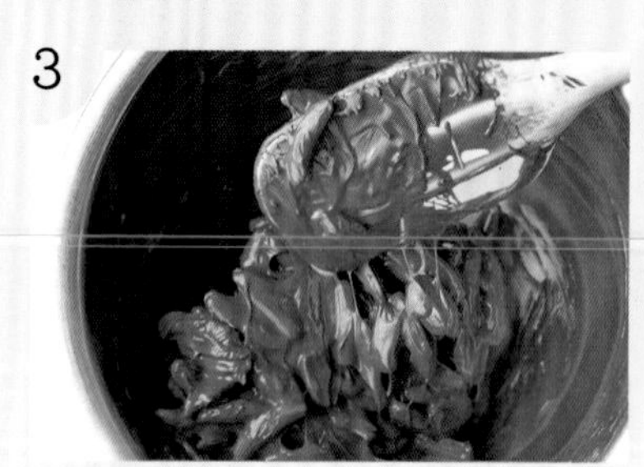

待巧克力稍微凝固後，持續攪拌至可以拉出細絲的程度。

4

以湯匙舀一大匙，一團團放在烘焙紙上，靜置於常溫下待其凝固。
※白巧克力的作法亦同。

## 柿種米果牛奶巧克力

**材 料（20個份）**

牛奶巧克力……………………………100g
柿種米果（含花生）……………………80g

## 柿種米果白巧克力

**材 料（20個份）**

白巧克力………………………………100g
柿種米果（含花生）……………………80g

# 杏仁牛軋糖巧克力

添加了花生醬的濃郁滋味與香氣，
及杏仁酥脆的口感令人驚豔，怎麼吃都吃不膩！
和帶有獨特苦味及酸味的黑啤酒相當對味。

**材料**
**（14×11×高4.5cm的模型 1個份）**

牛奶巧克力……140g
杏仁片……50g
無鹽奶油……20g
花生醬（含糖）……20g

**前置準備**

＊模型鋪一層烘焙紙。
＊杏仁片放入平底鍋中，以小火翻炒，炒至稍微上色後，放涼備用。

**作法**

1

巧克力隔水加熱至融化（參考P.7隔水加熱）。

2

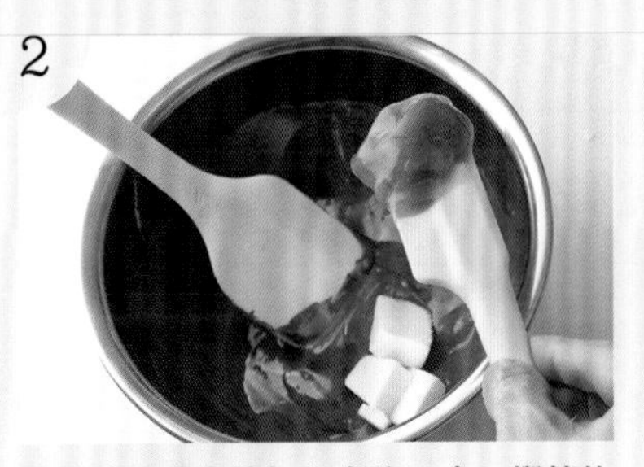

將奶油及花生醬加入步驟 1 中，攪拌均勻。

3

拌勻後加入杏仁片繼續攪拌。

4

倒入模型中，以橡皮刮刀壓平。放冰箱冷藏約1小時，待其凝固後切成一口大小。

# 巧克力臘腸

外型像臘腸的巧克力，是一道義大利的家常甜點。
有些義大利甜點的甜度過高，容易使人膩味，在此則使用黑巧克力製作，
加上各種不同口感的食材，結合成苦甜濃郁且複雜的美味，
最適合搭配紅酒或威士忌享用。

**材 料**（直徑3cm×長20cm 1條份）

黑巧克力……120g
杏桃乾……20g
葡萄乾……20g
蘭姆酒……2小匙
無鹽奶油……10g
市售的巧克力夾餡餅乾……45g
堅果（鹽味）……20g
（杏仁、核桃、腰果等）
糖粉……適量

**前 置 準 備**

* 將杏桃乾切成5mm小丁，和葡萄乾、蘭姆酒拌勻。放入耐熱容器中，覆蓋保鮮膜，放入微波爐加熱 20至30秒。
* 餅乾切成四等分。
* 堅果類切成粗塊。

**作 法**

1

將巧克力隔水加熱融化（參考P.7隔水加熱），加入奶油拌勻。

2

加入餅乾、和蘭姆酒拌勻的乾果及堅果，全體充分拌勻。

3

包上保鮮膜，放上步驟 2，塑形成直徑3cm長20cm的棒狀，放入冰箱冷藏1小時待其冷卻凝固。

4

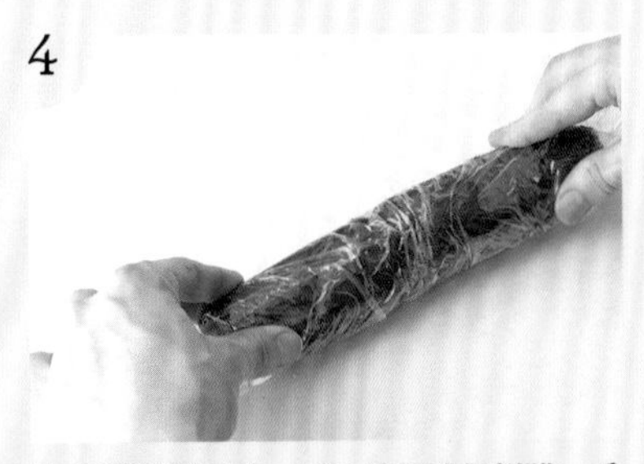

待其稍微凝固時，可以重新捲保鮮膜，重塑一下形狀。

5

完全凝固後，取下保鮮膜，撒上糖粉，切成1至1.5cm的厚片。

# 典雅的
# 精緻巧克力蛋糕

口感細緻，充滿輕盈空氣感的蛋糕。
添加巧克力降低甜度，勾勒出酒的醇厚的氣息和成熟韻味。
專屬於大人的時光，就品嚐這款華麗蛋糕優雅地度過吧！

# 濃郁巧克力戚風蛋糕

充分打發蛋白霜，是讓蛋糕口感蓬鬆的訣竅。
加入白蘭地，可為細緻輕盈的口感增添沉穩的氛圍。
若不使用鮮奶油，在享用前灑上微量白蘭地或吟釀酒也很棒！

# 濃郁巧克力戚風蛋糕

**材 料**（直徑17cm的戚風模型 1個份）

黑巧克力……100g
牛奶……50ml
A
- 水……25ml
- 白蘭地……15ml
- 沙拉油……30ml

蛋黃……3顆份
砂糖……15g
B
- 低筋麵粉……60g
- 可可粉……10g

**蛋白霜**

蛋白……5顆份
鹽……1小撮
砂糖……50g

**裝飾用**

鮮奶油……200ml
砂糖……4小匙
卡魯哇咖啡酒……2小匙
可可粉……適量

**前 置 準 備**

＊將材料B混合過篩。
＊烤箱預熱至170°C。
＊巧克力剁小塊。

**作 法**

1

巧克力和牛奶混合後，隔水加熱融化（參考P.7隔水加熱）。

2

隔水加熱完成後，加入材料A充分拌勻。

3

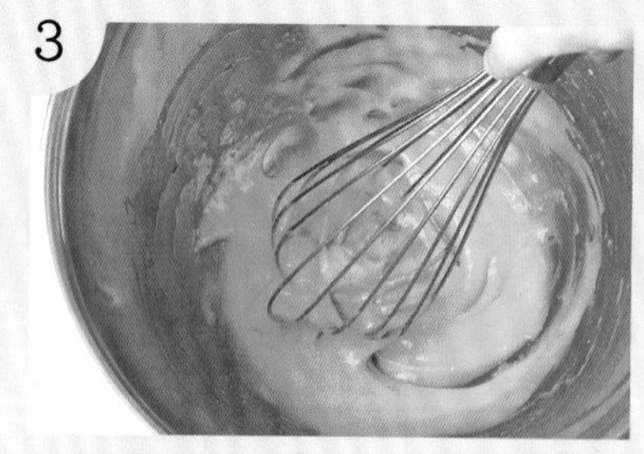

將蛋黃放入調理盆中，加入砂糖，以打蛋器拌勻。

4

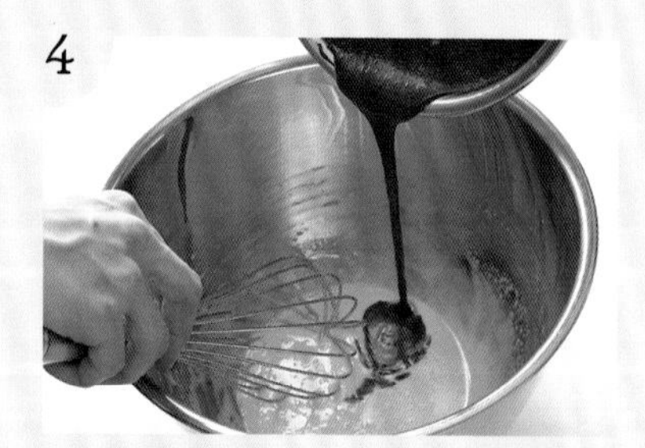

將步驟2慢慢加入，一邊加一邊拌勻。

5

加入材料B，以打蛋器拌勻，但不要拌得太用力，拌至粉塊消失即可。

6

製作蛋白霜。將蛋白放入另一個調理盆中，盆底墊一盆加鹽的冰水，將蛋白打發。砂糖分三次加入，充分打發至呈挺立的尖角狀。

7

將1/3的步驟6加入步驟5中，以橡皮刮刀從底部往上翻，快速拌勻。拌至看不見蛋白霜後，再將剩下的蛋白霜分兩次加入，輕輕拌勻。

8

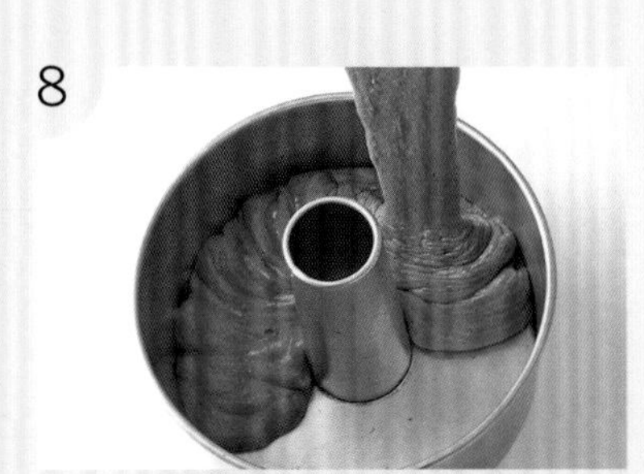

拌勻後，再繼續攪拌至麵糊出現光澤。從稍微高一點的位置將麵糊一口氣倒入模型中。

9

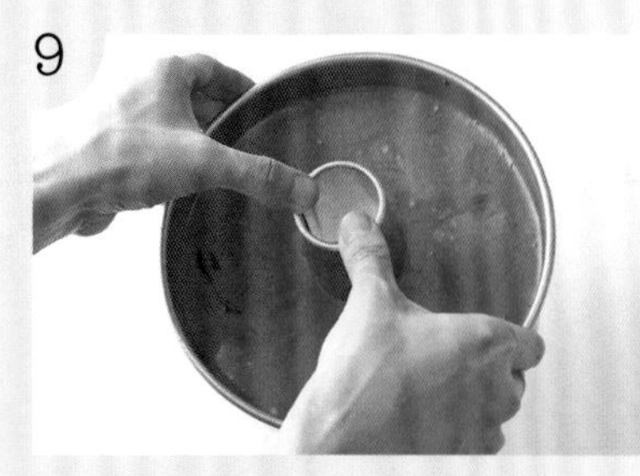

將表面抹平後，按住中空圓柱輕敲桌面，將空氣敲出。

10

放入烤箱，以170°C烘烤30至35分鐘。出爐後，在鋪好毛巾的桌面上輕輕敲出空氣，倒放冷卻。

11

完全冷卻後，以抹刀沿模型內緣輕刮，將蛋糕脫模。

**享用前**

將鮮奶油、砂糖、卡魯哇咖啡酒放入調理盆中，墊一盆冰水，打至七分發。蛋糕切塊後放入盤中，裝飾上鮮奶油，再撒一些可可粉。

Column

## 巧克力&酒的美味關係 vol.2

說到最適合搭配巧克力的酒品，那不得不提威士忌了。同樣經過發酵的過程，相似的風味是它們對味的原因之一。在某些歐美國家的酒吧，點了威士忌，會隨酒附上一塊低糖低脂的苦甜巧克力。這是在家就能簡單享受到的美味組合，您一定要試試看喔！

# 巧克力鮮奶油蛋糕捲

是一款追求極致簡約，以沉穩色調表現魅力的蛋糕捲。
因為極簡，更能襯托黑巧克力高雅的苦味，
再加入可可香甜酒鮮奶油，散發芳醇香氣。
很是適合與微發泡的甜味紅酒或清爽的日本酒搭配享用。

**材 料**（30×30㎝ 1台份）

**海綿蛋糕**

蛋……3顆
砂糖……70g
低筋麵粉……55g
可可粉……15g

**奶油霜**

黑巧克力……125g
鮮奶油……250ml
可可香甜酒……2小匙

**前 置 準 備**

＊烤盤鋪一層烘焙紙。
＊低筋麵粉和可可粉混合後，過篩兩次。
＊烤箱預熱至220°C。

**作 法**

1

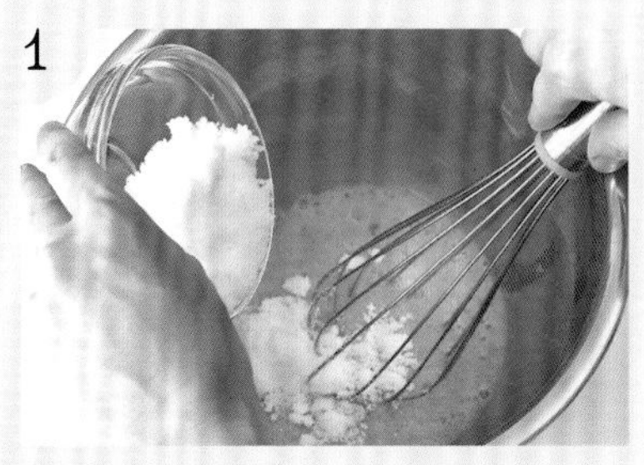

將蛋打入調理盆中，以打蛋器打散，加入砂糖拌勻。

2

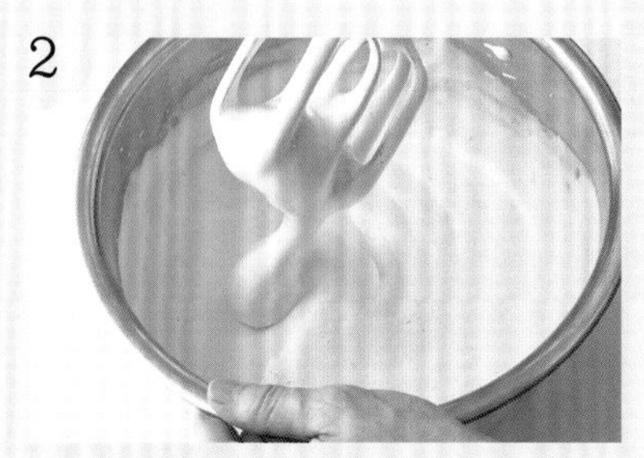

一邊隔水加熱，一邊攪拌，約加溫至肌膚溫度即可離火，繼續打發至泛白濃稠狀。

3

加入一起過篩的低筋麵粉和可可粉，以橡皮刮刀輕輕攪拌至粉塊消失。

4

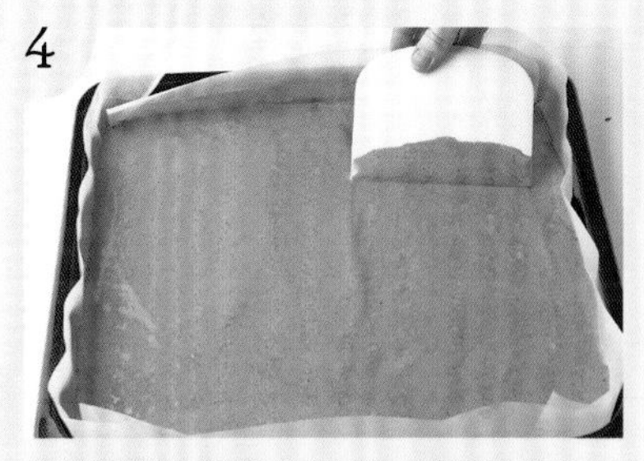

將麵糊倒入烤盤中抹平，放入烤箱，以220 °C 烘烤7至8分鐘。出爐後連同烘焙紙一起移到涼架上，蓋上擰乾的濕毛巾放涼。

5

將海綿蛋糕正面朝上放在保鮮膜上，以小刀在間隔5公分的距離輕輕割出線條。

6

將巧克力隔水加熱融化（參考P.7隔水加熱），慢慢加入鮮奶油，並以打蛋器拌至沒有結塊。

7

加入可可香甜酒拌勻，盆底墊一盆冰水，打至八分發。

8

將步驟7塗抹在步驟5上，前端先抹得稍厚一些，再往後抹開，完成後將保鮮膜輕輕上抬，由前往後捲起。

9

以保鮮膜緊密包好後，放冰箱冷藏約1小時。冰好後拆開保鮮膜，切成容易食用的大小。

# 白巧克力
# 草莓蛋糕

白巧克力的奶油霜，濃郁柔滑，滋味香醇，
裝飾上草莓、覆盆子等莓果，製成令人著迷的酸甜好滋味。
再搭配氣泡酒或甜蜜的玫瑰酒，交織成大人的夢幻美好時光。
將削好的巧克力薄片滿滿撒在蛋糕上，讓外型更精緻華麗喔！

# 白巧克力草莓蛋糕

**材 料**（15×15cm，高5cm的模型 1個份）

**海綿蛋糕**
白巧克力……15g
蛋……2個
砂糖……45g
低筋麵粉……55g
牛奶……2小匙

**酒漬莓果**
草莓……6粒（60g）
覆盆子、藍莓……各20g
細砂糖……1小匙
櫻桃利口酒……2小匙

**奶油霜**
白巧克力……90g
鮮奶油……300ml
櫻桃利口酒……2小匙

裝飾用白巧克力……適量
裝飾用草莓、覆盆子、薄荷……各適量

**前 置 準 備**

*巧克力剝小塊。
*模型鋪一層烘焙紙。
*低筋麵粉過篩。
*裝飾用的白巧克力以湯匙等工具削成薄片（如下圖）。
*烤箱預熱至170°C。

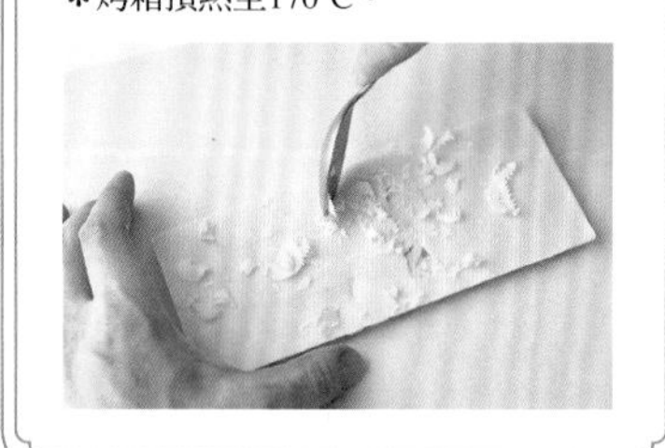

**作 法**

1

製作海綿蛋糕。將巧克力和牛奶一起隔水加熱融化（參考P.7隔水加熱），保溫備用。

2

將蛋打入調理盆中，以打蛋器打散，加入砂糖拌勻。

3
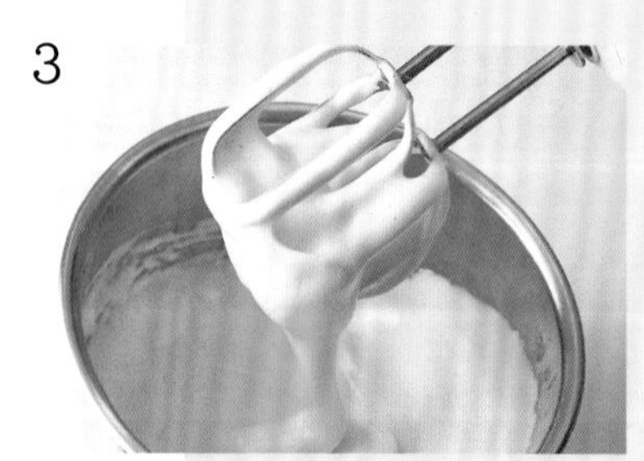
一邊隔水加熱，一邊攪拌，約加溫至肌膚溫度即可離火，繼續打發至泛白的濃稠狀。

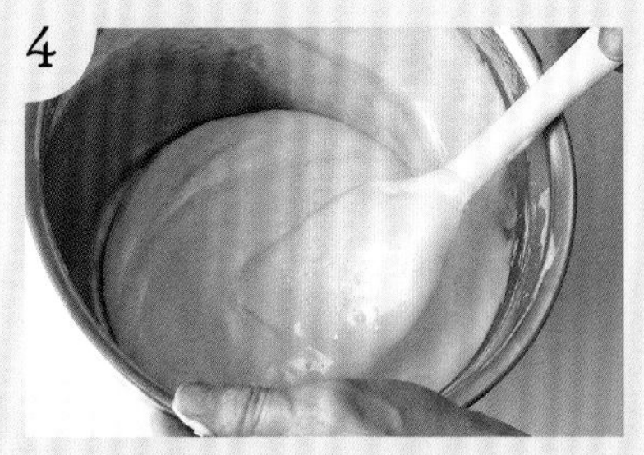

4

加入低筋麵粉，以橡皮刮刀切拌，迅速拌匀。拌至粉塊消失後，將步驟1均勻加入，再攪拌至出現光澤。

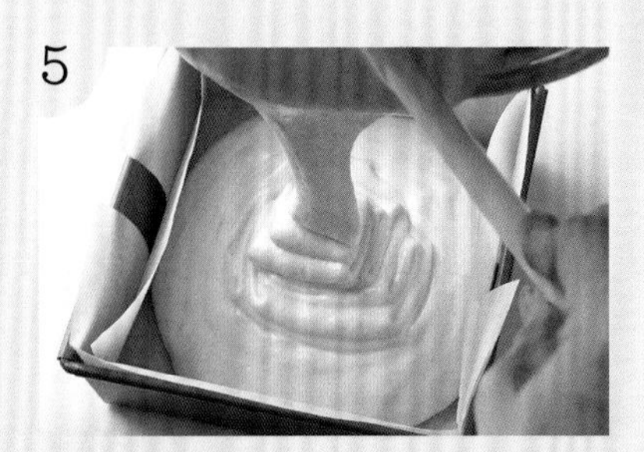

5

將麵糊倒入模型中，再放入烤箱，以170°C烤20至25分鐘。出爐後脫模，放在網架上冷卻。

6

打發鮮奶油前，先將海綿蛋糕橫切成上下兩半。

7

製作酒漬莓果。將草莓、覆盆子和藍莓對半切開。放入調理調理盆中，倒入細砂糖和櫻桃利口酒。

8

製作奶油霜。巧克力隔水加熱融化（參考P.7隔水加熱）。

9

將步驟8倒入較大的調理盆內，慢慢加入鮮奶油，並以打蛋器攪拌至沒有結塊，呈現光滑狀。

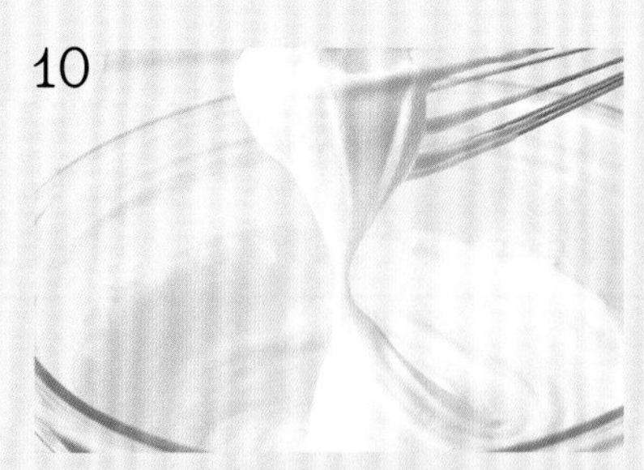

10

加入櫻桃利口酒拌勻，取半量放入另一個調理盆中。將原本的調理盆放入冰箱冷藏，另一個調理盆底下墊一盆冰水，並打至八分發。

11

將海綿蛋糕的下半片塗抹八分發的鮮奶油，擺上酒漬莓果。塗抹剩下的鮮奶油，再放上半片的海綿蛋糕。以保鮮膜覆蓋後，放入冰箱冷藏約30分鐘。

12

將剛才冷藏的鮮奶油墊一盆冰水，打至八分發，塗在步驟11的表面。撒上裝飾用巧克力片、莓果和薄荷作裝飾。

# 覆盆子風味巧克力派

這是一道甜度降低的成熟風點心。
酸甜的覆盆子和微苦的巧克力醞釀出的層次韻味，
藉著較低濃度的紅酒，更能深刻品味巧克力的苦甜。
覆盆子搶眼的鮮紅更是將低調的巧克力色妝點得令人目眩神迷。

**材 料（10×25cm，高2.5cm的塔模型 1個份）**

冷凍派皮（18×18cm）……………………2片
手粉用高筋麵粉……………………………適量

**夾餡**

黑巧克力…………………………………………35g
鮮奶油……………………………………………30ml
蛋……………………………………………………1個
覆盆子果醬……………………1大匙（20g）
草莓利口酒………………………………1小匙

**醬汁**

黑巧克力…………………………………………40g
鮮奶油……………………………………………20ml
牛奶………………………………………………20ml
草莓利口酒………………………………½ 小匙
覆盆子…………………………………………適量

**前 置 準 備**

＊派皮轉放冷藏室，至完全解凍。
＊烤箱預熱至200°C。
＊夾餡用、醬汁用的巧克力切細碎，分別放入調理盆中。

## 作 法

1

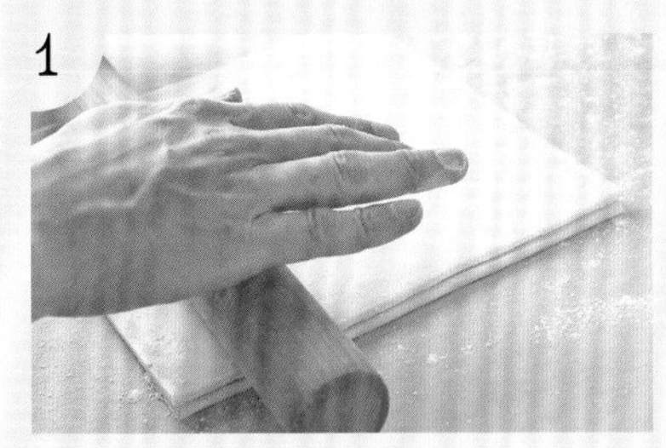

將派皮麵團一面塗上少量的水，重疊兩片，放在撒有手粉的桌面上，擀成3mm厚且比模型稍大的大小。。

2

將派皮鋪在模型上，放入冰箱冷藏，鬆弛30分鐘以上。

3

將步驟2以叉子叉幾個洞，鋪一層烘焙紙，放上重石，放入烤箱，以200°C烘烤20至25分鐘。取下重石再烤3至4分鐘，出爐後連同烤模一起放在網架上待涼。

4

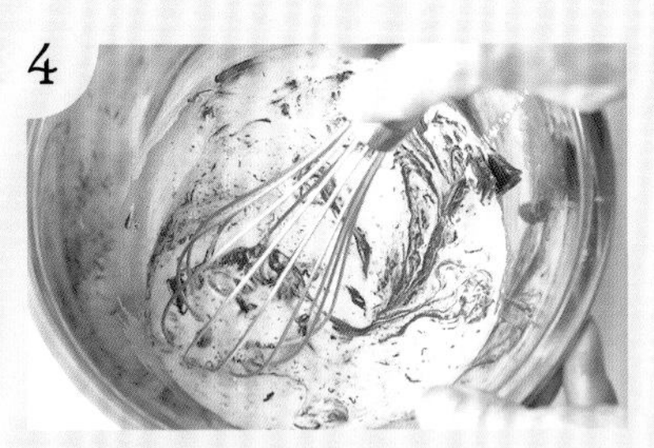

製作夾餡。將鮮奶油放入鍋中，開火加熱。煮至沸騰後熄火，加入巧克力，攪拌至光滑柔順。

5

加入蛋充分拌勻，再加入果醬、利口酒拌勻。

6

將步驟5倒入步驟3中，放入烤箱，以160°C烘烤10至15分鐘。出爐後連同模型一起放在網架上待涼。

7

製作醬汁。將鮮奶油和牛奶放入鍋中，開火加熱。煮至沸騰後熄火，加入巧克力，攪拌至光滑柔順，再加入利口酒拌勻。

8

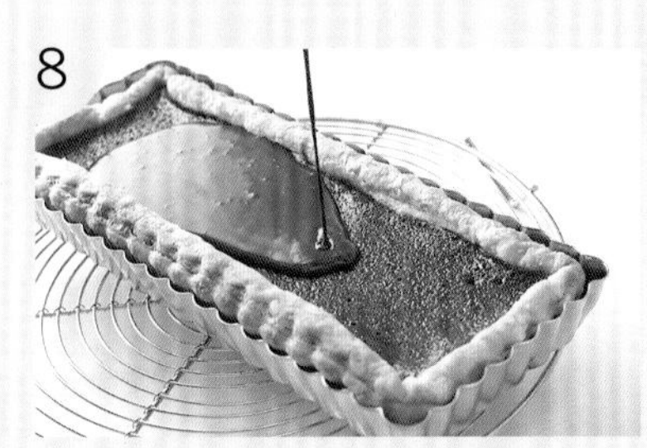

將步驟7淋在步驟6上，放冰箱冷藏約1小時，待其冷卻凝固後脫模，裝飾上覆盆子。

# 白巧克力生起司蛋糕

瀰漫著南義大利傳統餐後酒「檸檬酒Limoncello」香氣的新鮮起司蛋糕。
白巧克力的口感滑順，
添加優格則讓蛋糕的後味清爽宜人。
餅乾底使用市售巧克力餅乾製作，方便又好吃。

## 材 料（直徑15cm的圓形模1個份）

※非素

**餅乾底**

市售巧克力餅乾……100g
無鹽奶油……20g

**起司蛋糕**

白巧克力……100g
奶油起司……120g
砂糖……40g
鮮奶油……50ml
原味優格……2大匙
檸檬汁……1小匙
檸檬酒或君度橙酒……2小匙
吉利丁粉……1小匙（3g）
水……1大匙

### 前 置 準 備

＊奶油融化備用。
＊奶油起司放室溫軟化。
＊吉利丁粉放入水中，靜置約10分鐘，等待膨脹。

## 作 法

1

餅乾以食物調理機打碎後，放進調理盆中，加入融化的奶油拌勻。

2

將步驟1放入模型中，以包了保鮮膜的壓泥器，將餅乾緊密地壓平。

3

將巧克力隔水加熱融化（參考P.7隔水加熱）。

4

奶油起司放入調理盆中，以木杓攪拌至柔軟。加入砂糖，以打蛋器或手提攪拌機充分拌勻至柔滑。

5

將步驟3分兩次加入，每次加入都要充分拌勻。

6

按順序加入鮮奶油、原味優格、檸檬汁和檸檬酒，每次加入都要充分拌勻。

7

吉利丁隔水加熱融化。加入步驟6中，趁吉力丁還沒凝固前，以打蛋器迅速拌勻。

8

將麵糊過篩後倒入步驟2中，表面抹平。放入冰箱冷藏凝固2小時。

9

完全凝固後，以溫熱的毛巾將模型周圍包起，使外側稍微融化，再將模型取出。

# 白巧克力＆瑞可塔起司小泡芙

起司風味的迷你泡芙，
包裹著添加了白巧克力和瑞可塔起司，
以及洋溢柔和甜味的奶霜醬。
點綴上充滿櫻桃酒香的蜜棗乾，再搭配櫻桃釀白蘭地，
在風味、口感及外觀上，都是下午茶的萬人迷焦點。

# 白巧克力&瑞可塔起司小泡芙

**材 料（直徑4cm的泡芙 26至28個份）**

**泡芙麵團**

| | | |
|---|---|---|
| A | 牛奶 | 50ml |
| | 水 | 50ml |
| | 無鹽奶油 | 40g |
| | 鹽、砂糖 | 各1小撮 |
| 低筋麵粉 | | 60g |
| 蛋 | | 2個 |
| 起司粉 | | 20g |
| 杏仁角 | | 適量 |

**奶霜醬**

| | |
|---|---|
| 白巧克力 | 120g |
| 瑞可塔起司 | 80g |
| 蜜棗乾 | 7顆（55g） |
| 櫻桃利口酒 | $1\frac{1}{2}$ 小匙 |

**前 置 準 備**

* ＊低筋麵粉過篩備用。
* ＊蛋打成蛋液。
* ＊蜜棗乾切成四等分，刷上櫻桃酒備用。
* ＊烤箱預熱至180°C。

**作 法**

1

將材料A放入鍋中，開火加熱，煮至奶油融化、沸騰後熄火。

2

加入低筋麵粉快速攪拌，拌至成團後，再次開火加熱，並不停翻動麵團，讓水分蒸發。

3

待麵團表面光滑，鍋底形成一層薄膜時，即可熄火，將麵團移至調理盆中。

4

加入1/4的蛋液，以橡皮刮刀充分拌勻。拌勻後，再分次加入1/4的量，每次都要充分拌勻。

5

不斷增加蛋液直至麵糊變得柔軟光滑，以刮刀拉起時，呈現不會斷掉的漂亮倒三角形（若蛋液不足請另外增加）。完成後，再加入起司粉拌勻。

6

將麵糊放入裝有直徑1cm圓形花嘴的擠花袋中，在鋪好烘焙紙的烤盤上，擠出直徑3cm左右的麵糊。

7

以手指沾剩下的蛋液，輕壓泡芙頂端，調整形狀，再撒上杏仁角。

8

放入烤箱，以180°C烘烤15至20分鐘後，降溫至160°C再烤10分鐘，完成後後不要打開烤箱，讓泡芙在烤箱內靜置5分鐘。待泡芙膨脹上色、表面酥脆即完成。取出後置於涼架上待涼。

9

將巧克力隔水加熱融化（參考P.7隔水加熱）。

10

將瑞可塔起司放入調理盆中，加入步驟9，以打蛋器充分攪拌至光滑。

11

將泡芙從一半偏上的位置切開。

12

將步驟10放入裝有圓形花嘴的擠花袋中，擠進泡芙裡。上面放一塊蜜棗乾，再蓋上上半塊泡芙。

# 餘韻繚繞的烘焙點心

以下要介紹幾道將巧克力的苦味或酸味發揮到最大極限，
細細觸動大人舌尖的烘焙點心。
搭配一杯烈酒，優雅地慢慢品嚐吧！

# 巧克力蛋糕

一如Gâteau au chocolat的法文原意「巧克力作的蛋糕」，
這是一道蘊含巧克力魅力的蛋糕。
與日本酒相當搭配，能夠相互襯托出甜味，讓美味更上一層。
在冰箱冷藏一晚，可以讓滋味更加濃郁，請一定要試試！

# 巧克力蛋糕

**材 料（直徑15cm的圓形模型 1個份）**

黑巧克力……125g
無鹽奶油……30g
蛋黃……2顆份
砂糖……30g
牛奶……2大匙
低筋麵粉……30g

**蛋白霜**

蛋白……2顆份
砂糖……30g
模型用奶油、高筋麵粉、糖粉……各適量

**前 置 準 備**

＊模型內側塗一層奶油，撒上高筋麵粉。底部鋪好烘焙紙，放冷藏備用。
＊巧克力剁小塊。
＊低筋麵粉過篩備用。
＊烤箱預熱至160°C。

**作 法**

1

巧克力和奶油一起隔水加熱融化（參考P.7隔水加熱）。

2

蛋黃放入調理盆中打散，加入砂糖，以打蛋器擦底拌勻，打至稍稍泛白。

3

加入步驟1充分拌勻，再加入牛奶拌至柔順光滑。

4

製作蛋白霜。將蛋白放入另一個調理盆中，底下墊一盆冰水打發。砂糖分三次加入，打發至呈挺立的尖角狀。

5

將1/3的步驟4加入步驟3中，以橡皮刮刀充分拌勻。加入一半的低筋麵粉，攪拌至粉塊消失。按順序加入半量蛋白霜、剩下的低筋麵粉，最後加入另外半量蛋白霜，每次加入都要充分拌勻。

6

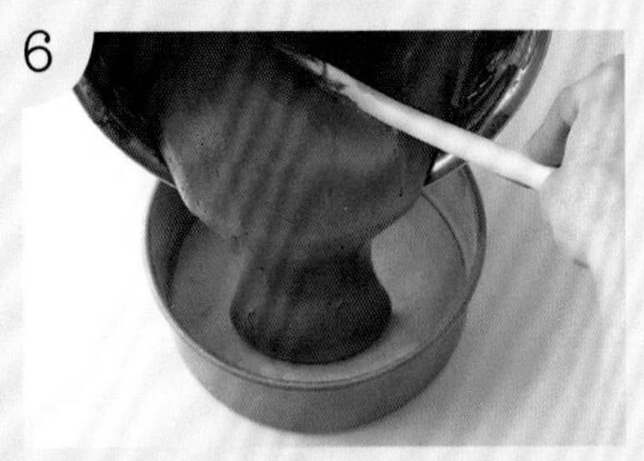

將麵糊倒入模型中抹平，放入烤箱中以160°C烘烤30至35分鐘。

7

出爐後，連同模型靜置放涼，待其完全冷卻後再脫模，撒上糖粉作裝飾。

Column

## 巧克力&酒的美味關係 vol.3

想要同時享受巧克力與酒的美味，必須注意的是「溫度」。常溫的酒要搭配常溫凝固的巧克力或巧克力甜點；冰涼的酒則要搭配放冰箱冷藏凝固的巧克力點心（生巧克力等），掌握好溫度，才不會干擾彼此的風味或化口性，享受和諧的好滋味。

# 核桃巧克力小蛋糕

法文pomponnettesy意為「小巧可愛的東西」。
使用專用的模型，將小蛋糕烤得圓圓膨膨的模樣，
裝飾上堅果和起司，和任何酒類都能巧搭。
挑選喜歡的酒，享受最棒的美酒饗宴吧！

**材料**
**（直徑3.6cm的一口蛋糕模型 約30個份）**

黑巧克力……60g
無鹽奶油……60g
蛋……2個
砂糖……40g
A｜低筋麵粉……80g
　｜泡打粉……½小匙

**裝飾**

黑巧克力……30至40g
起司……30至40g
核桃……20至25g

**前置準備**

＊材料A混合過篩備用。
＊巧克力一格格剝開，裝飾用巧克力再剝成1／2格。
＊起司切成7mm小丁，核桃切4等分。
＊模型內側塗上適量的融化奶油，再撒上適量的高筋麵粉（均為份量外），放入冰箱中冷藏（矽膠模型無須冷藏）。
＊烤箱預熱至180℃

**作法**

1
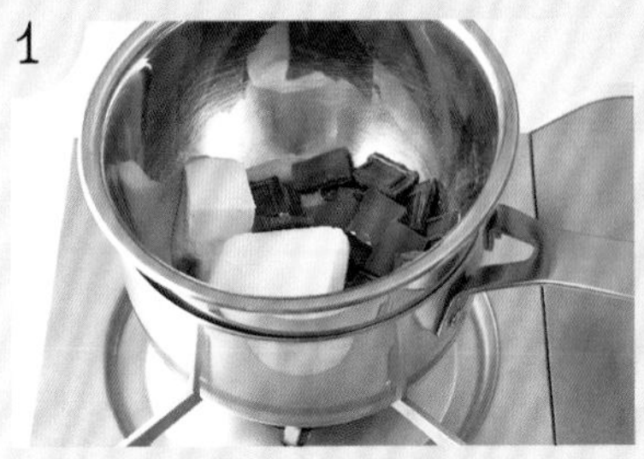
將巧克力和奶油一起隔水加熱融化（參考P.7隔水加熱）。

2
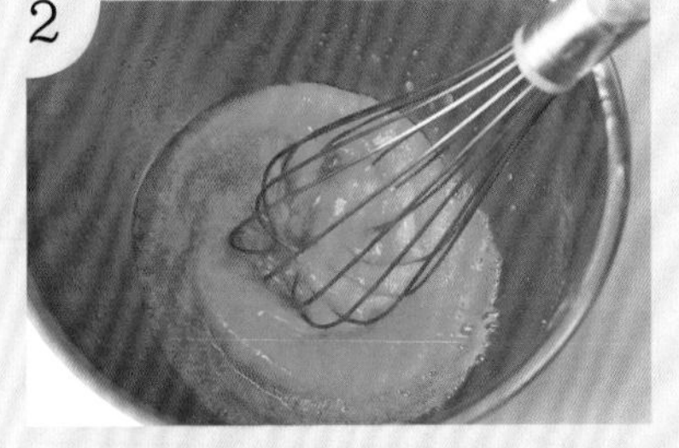
蛋放入調理盆中打散，加入砂糖，以打蛋器充分攪拌至砂糖融化。

3

加入步驟1充分拌勻。

4

加入材料A，拌至粉塊消失，覆蓋保鮮膜，放冰箱冷藏1小時以上。

5

將步驟4倒入模型約七分滿，輕輕將裝飾用的巧克力、起司、核桃壓在蛋糕上。

6

放入烤箱，以180°C烘烤10至13分鐘。出爐後脫模放涼。

# 巧克力香橙義大利脆餅

脆餅是義大利的代表性烤焙點心，烘烤兩次讓它變得堅硬。
越是咀嚼，黑巧克力和糖漬橘皮微苦的滋味和韻味，越在口中蔓延開來，
好吃得令人忍不住又想再來一片……
仿效道地的吃法，浸漬在濃烈的紅酒中再享用也很經典。

### 材料（約25片份）

黑巧克力……………………………………150g
A｜低筋麵粉……………………………120g
　｜泡打粉……………………………1小匙
砂糖……………………………………………50g
杏仁（鹽味）……………………………40g
蛋…………………………………………………1顆
牛奶…………………………………………2大匙

糖漬橘皮………………………………………50g
柑曼怡香橙干邑甜酒…………………1大匙

### 前置準備

＊材料A混合過篩備用。
＊杏仁對半切開。
＊糖漬橘皮切成5mm小丁，浸在柑曼怡香橙干邑甜酒中備用。
＊烤箱預熱至170°C。

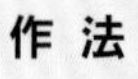

### 作法

1

巧克力切半量。一半隔水加熱融化（參考P.7隔水加熱）；一半切成5mm小丁。

2

將材料A、砂糖、杏仁、切碎的巧克力放入調理盆中，大略拌勻。

3

蛋放調理盆中打散，加入牛奶拌勻。拌好後倒入步驟2中，以橡皮刮刀輕輕拌勻。

4

加入融化的巧克力、糖漬橘皮和酒，充分攪拌至粉塊消失。

5

將步驟4分成兩等分，放在鋪好烘焙紙的烤盤上，以橡皮刮刀調整成法國麵包的形狀。放入烤箱，以170°C烘烤15至20分鐘。

6

從烤箱中取出後先靜待熱氣散去。接著切成1.5cm厚的片狀，橫放排列在鋪好烘焙紙的烤盤上。

7

放入烤箱，以150°C烘烤10至12分鐘。翻面再烤5分鐘，放在網架上待涼。

# 蘭姆酒葡萄甘納許夾心餅乾

可可風味的酥脆餅乾，
夾著濃郁的甘納許醬和蘭姆酒葡萄乾。
充分吸收了蘭姆酒的多汁葡萄乾，是散發成熟韻味的關鍵。
非常適合搭配白蘭地、蘭姆酒、甜酒等濃稠醇厚的酒類享用。

# 蘭姆酒葡萄甘納許夾心餅乾

**材 料**（6×4.5cm的模型 12組份）

**餅乾麵團**
牛奶巧克力……30g
無鹽奶油……80g
砂糖……30g
鹽……1小撮
蛋黃……1顆份
A 低筋麵粉……130g
 可可粉……10g
手粉用高筋麵粉……適量

**甘納許醬**
牛奶巧克力……100g
鮮奶油……60ml
無鹽奶油……5g

蘭姆酒葡萄乾……25至35g

**前 置 準 備**
＊奶油放室溫回溫軟化。
＊材料A混合過篩備用。
＊烤箱預熱至180°C。

**作 法**

將餅乾麵團用巧克力隔水加熱融化（參P.7隔水加熱）後，再放置冷卻至肌膚溫度。

2

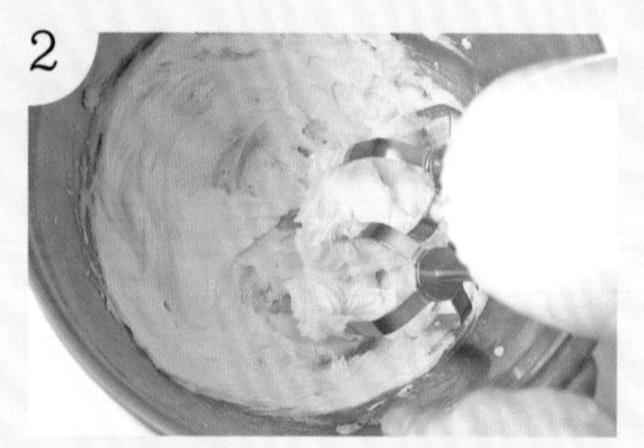

奶油放入調理盆中，以木杓拌至柔軟，再加入砂糖、鹽，以打蛋器或手提攪拌機打至泛白。

3

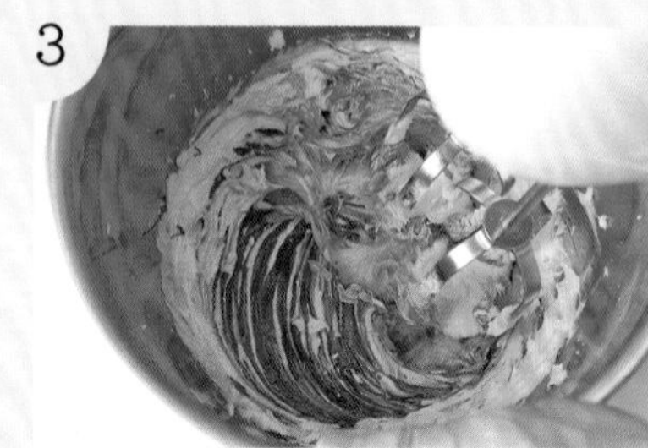

加入蛋黃充分拌勻，再加入步驟1充分拌勻。

4

加入材料A，以橡皮刮刀以切拌的方式拌匀。

5

拌至粉塊消失後，揉成一塊麵團，以保鮮膜包好，放冰箱冷藏2小時。

6

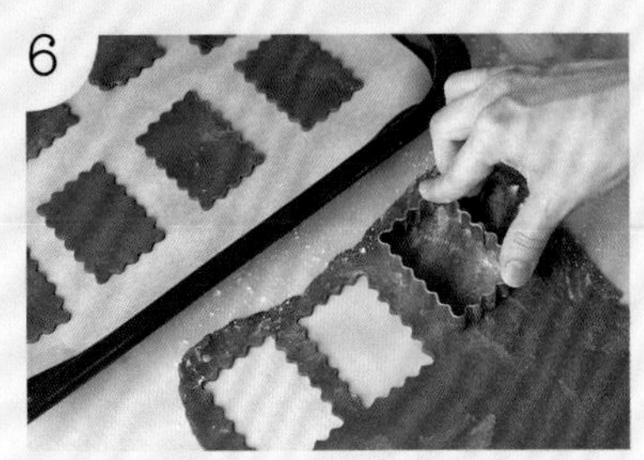

桌面撒上手粉，放上步驟5擀成2至3mm厚，完成後進行壓模。壓完模的麵皮排列在鋪好烘焙紙的烤盤上。

7

放入烤箱，以180°C烘烤7至9分鐘，出爐後放在網架上待涼。

8

製作甘納許（參考P.8甘納許）。

9

將奶油加入步驟8中融化。如果沒有完全融化，可以再隔水加熱一下。

10

待熱氣散去後，在盆底墊一盆冰水，以橡皮刮刀攪拌冷卻，拌至濃稠狀。

11

將甘納許醬放入裝有星形花嘴的擠花袋中，擠在兩片一組的其中一片餅乾上。

12

放上3至4粒蘭姆酒葡萄乾，以另一片餅乾夾心。放入冰箱冷藏10分鐘，待其冷卻凝固。

# 巧克力果乾
# 白蘭地蛋糕

將兩種白蘭地浸漬的果乾拌入麵糊中，
製作出酒香瀰漫且能避免口感乾澀的蛋糕。
出爐放涼後以保鮮膜包裹，靜置一天以上再品嘗最為美味喔！
隨著時間醞釀更添香醇的「熟成韻味」，適合搭配略帶澀味的紅酒享用。

## 材料
**（20×8×高6cm的磅蛋糕模型 1個份）**

黑巧克力……130g
無鹽奶油……80g
砂糖……40g
蛋……2顆
A | 低筋麵粉……80g
　| 泡打粉……1/2小匙
　| 肉桂粉……1/8小匙
無花果乾……25g
葡萄乾……25g
蔓越莓乾……25g
B | 櫻桃白蘭地……40ml
　| 白蘭地……40ml

### 前置準備

＊無花果乾切成葡萄乾大小，和其他的果乾一起放入材料B中浸漬二至三天後，取出瀝乾。酒汁保留備用。
＊巧克力分成100g和30g。
＊模型內鋪一層烘焙紙。
＊奶油置於室溫下回溫軟化。
＊材料A混合過篩備用。
＊蛋打散備用。
＊烤箱預熱至170°C。

## 作法

1

將100g的巧克力隔水加熱融化（參考P.7隔水加熱）後，冷卻至肌膚溫度。剩餘30g的巧克力則切成5mm小丁。

2

奶油放入調理盆中，以木杓拌至柔軟，加入砂糖，再以打蛋器或手提攪拌機打至發白。

3

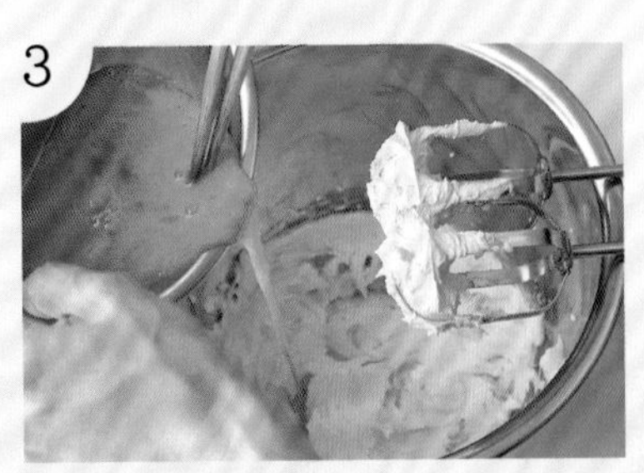

將蛋分數次加入步驟2中，每次都要充分拌勻。如果產生分離狀態，請加一點材料A。

4

加入步驟1中融好的巧克力，充分拌勻。

5

將兩大匙左右的材料A加入果乾中，攪拌均勻。

6

將剩下的材料A加入步驟4中，以橡皮刮刀拌勻。攪拌至半勻時，加入步驟5和切碎的巧克力，充分攪拌至粉塊消失。

7

將麵糊倒入模型中抹平，正中央稍微往下凹。放入烤箱，以170°C烘烤30至40分鐘。

8

以竹籤插入蛋糕中，如果沒有沾附麵糊，即表示烘烤完成。脫模後，趁熱刷一層浸漬過果乾的酒。

※冷卻後以保鮮膜包裹，靜置一天以上。

# 咖啡巧克力
# 布朗尼

形象隨性的布朗尼，搭配咖啡和威士忌，
也能擁有成熟的一面喔！
堅果的濃郁香氣和爽脆的口感和同樣帶有麥香的黑啤酒也非常相襯。
布朗尼表面光澤閃耀，洋溢著奢華感，當作禮物送出，
收到的人一定會喜歡！

# 咖啡巧克力布朗尼

**材 料（18×18×高5.5cm的模型 1個份）**

- A
  - 黑巧克力……150g
  - 無鹽奶油……70g
- 蛋……2顆
- 砂糖……60g
- 即溶咖啡……1/2大匙
- 熱水……少許
- 威士忌……1大匙
- B
  - 低筋麵粉……70g
  - 泡打粉……1/2小匙
- 牛奶……1大匙
- 胡桃……40g

**巧克力醬**

- 黑巧克力……75g
- 無鹽奶油……8g
- 牛奶……25ml
- 即溶咖啡……1/2小匙
- 威士忌……2/3小匙

**前 置 準 備**

＊模型鋪一層烘焙紙。
＊材料B混合過篩備用。
＊胡桃放入烤箱中以160°C 烘烤7至8分鐘，冷卻後以手大略剁碎。
＊烤箱預熱至170°C
＊巧克力剁小塊。

**作 法**

1

將材料A混合後隔水加熱融化（參考P.7隔水加熱）。

2

蛋放入調理盆中打散，加入砂糖，以打蛋器打至砂糖溶化。

3

加入步驟1拌勻，再加入以熱水溶解的即溶咖啡、威士忌拌勻。

4

加入材料B，充分攪拌至粉塊消失。

5

按順序加入牛奶、胡桃，每次都要充分拌勻。

6

倒入模型中抹平，放入烤箱中，以170°C烘烤25至30分鐘。出爐後不用脫模直接放涼，待完全冷卻後再脫模。

7

製作巧克力醬。將即溶咖啡倒入牛奶中，開火加熱，慢慢加熱至咖啡溶解。

8

巧克力隔水加熱融化，再加入奶油加熱融化。

9

將步驟7分次慢慢加入步驟8中，以打蛋器攪拌至柔順光滑。加入威士忌，放常溫冷卻至呈濃稠狀。

10

將步驟9抹在步驟6的表面。

11

放冰箱冷藏10至15分鐘，待其冷卻凝固後，切成容易食用的大小。

Column

## 適合搭配巧克力的酒品

### 蘭姆酒&香橙利口酒

蘭姆酒是原產於西印度群島的蒸餾酒，特徵是富含甘蔗甜蜜的香氣。有琥珀色的黑蘭姆酒和無色透明的白蘭姆酒兩種，與巧克力較搭的是黑蘭姆酒。香橙利口酒則是以白蘭地等蒸餾酒為底，加入橙皮、花瓣等原料，作成帶有香氣的酒，其中較有名的為君度橙酒。

PICK O' SEA
CHOICE BONELESS
SALT CODFISH

# 白巧克力＆生薑小甜餅

小甜餅是一款發源於西班牙安達魯西亞地區的冬季甜點。
生薑風味的餅乾爽口酥脆、入口即化，
以白巧克力裝飾得好似覆蓋了一層雪。
可愛的外型與特殊的口感是小甜餅最迷人的特色，
搭配以甘醇香甜的利口酒為基調製成的雞尾酒好好享用吧！

### 材料（25至30個份）

A | 低筋麵粉……65g
| 玉米粉……15g
| 杏仁粉……20g
白巧克力……45g
薑母粉……$\frac{1}{4}$小匙
無鹽奶油……60g
糖粉……40g
鹽……1小撮

**裝飾**

白巧克力……60g
無鹽奶油……4g
薑母粉……$\frac{1}{6}$小匙

**前置準備**

* 將材料A鋪在鋪好烘焙紙的烤盤中，放入烤箱中，以130°C烘烤25分鐘。放涼後，加入薑母粉，過篩備用。
* 奶油放室溫回溫軟化。
* 烤箱預熱至150°C。

### 作法

1

將巧克力隔水加熱融化（參考P.7隔水加熱）後，冷卻至約肌膚溫度。

2

奶油放入調理盆中，以木杓拌至柔軟，加入糖粉、鹽，以打蛋器或手提攪拌機打至泛白。加入步驟1後充分拌勻。

3

加入過篩好的材料A，以橡皮刮刀以切拌的方式拌勻。

4

整合成一塊麵團，以保鮮膜包好，放冰箱冷藏30分鐘至1小時。

5

將步驟4揉成一口大小的圓球（1個8g），排列在鋪好烘焙紙的烤盤上。放入烤箱，以150°C烘烤約15分鐘。待熱氣散去後，置於網架上待其冷卻。

6

裝飾用的巧克力隔水加熱融化後，加入奶油和薑母粉拌勻。

7

在餅乾表面沾一層步驟6，巧克力朝上放在烘焙紙上，放入冰箱冷藏15至20分鐘，待其冷卻凝固。

# 冰淇淋&
# 巧克力小點心

以含酒甜點取代餐後酒，使餘韻繚繞，
享受巧克力與美酒的完美謝幕。
今夜，也要讓微醺的氛圍無限蔓延……

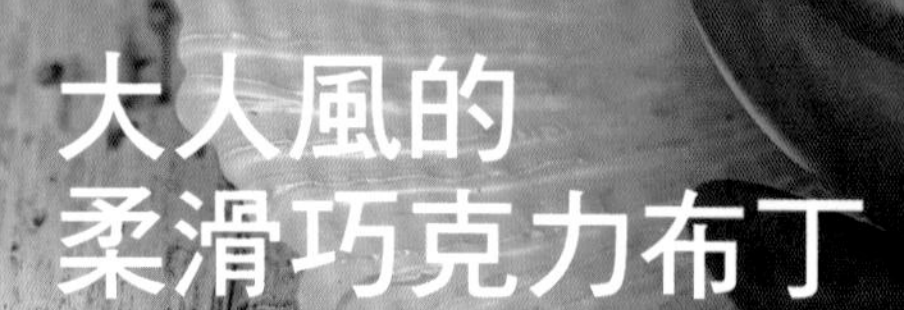

## 大人風的
## 柔滑巧克力布丁

杏仁甜酒(Amaretto)是一種帶有杏仁香氣的義大利利口酒，
只要添加一點點，就能打造與酒或咖啡都很契合的成熟風味。
正因為簡單，更能嚐到食材的美味，
是一道能夠享受到豐富口感的布丁。

# 豆漿白巧克力義式奶酪<br>佐抹茶醬

奶酪是一道以滑嫩細緻的口感揚名的義大利甜點。
在此添加了豆漿作成健康的和風點心。
君度橙酒清新的柳橙香融合了抹茶獨特的苦味和清涼感，
製成色澤兼具美味的淋醬，可完美勾勒出白巧克力的韻味。

# 大人風
# 柔滑巧克力布丁醬

**材料**
**（直徑7cm×高3.5cm的耐熱容器4個份）**

牛奶巧克力……100g
蛋黃……2顆份
砂糖……2小匙
牛奶、鮮奶油……各100ml
杏仁甜酒……2小匙
裝飾用鮮奶油……適量

**前置準備**
＊烤箱預熱至150°C。

**作法**

1

巧克力剝小塊，放入調理盆中。

2
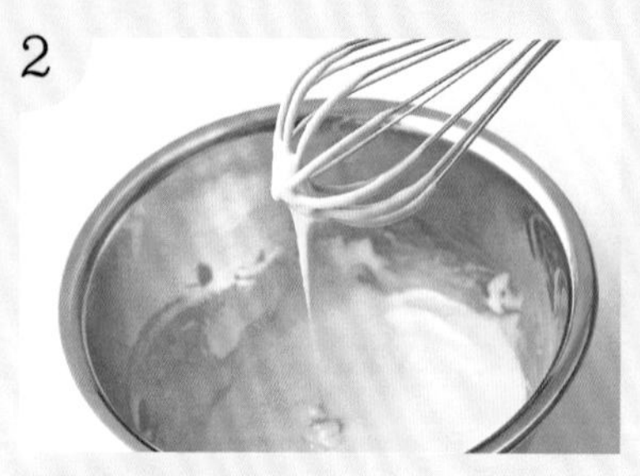
蛋黃放入另一個調理盆中打散，加入砂糖後，以打蛋器攪拌至濃稠。

3

牛奶倒入鍋中，煮至沸騰後熄火，加入步驟1中靜置一段時間。待巧克力融化後，以打蛋器慢慢攪拌至融合在一起。

4

將步驟3分兩次加入步驟2中，每次都要以打蛋器充分拌勻。接著加入鮮奶油、杏仁甜酒拌勻，以篩網過篩。

5

將表面的泡沫刮除，平均倒入布丁容器中。

6
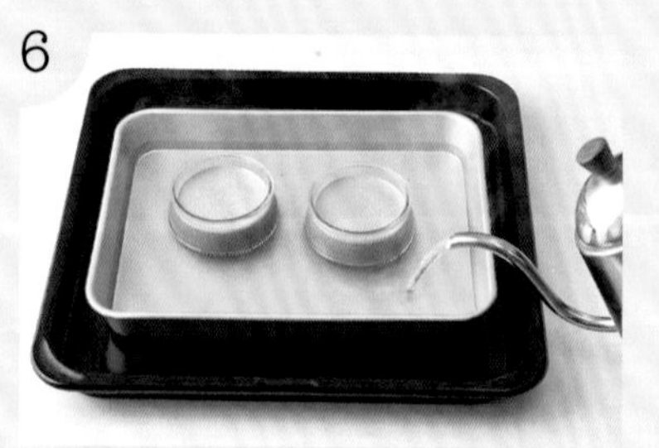
將布丁排列在深烤盤上，放入烤箱。注入和布丁液同樣高度的熱水，以150°C蒸烤25至30分鐘。

7

碰觸表面，若產生彈性即表示完成。待熱氣散去後，放入冰箱冷藏，享用前裝飾上打發鮮奶油。

# 豆漿白巧克力
# 義式奶酪佐抹茶醬

### 材料
**（直徑7.5cm×高4cm的布丁杯 4個份）**
※非素

**奶酪**
白巧克力……90g
鮮奶油……60ml
豆漿……260ml
砂糖……1大匙
吉利丁粉……2小匙（6g）
水……2大匙

**抹茶淋醬**
白巧克力……45g
鮮奶油……100ml
抹茶……2小匙
君度橙酒……2小匙

**前置準備**
* 將吉利丁粉泡在材料中的水（2大匙）中約10分鐘，使其膨脹。
* 巧克力分別切細碎。

### 作法

1

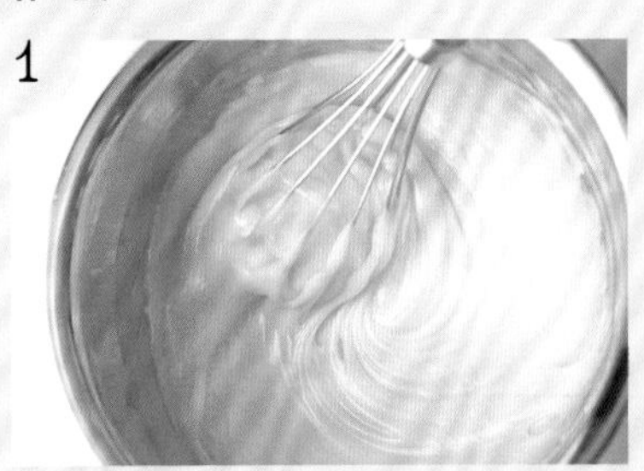

製作奶酪。將鮮奶油放入鍋中，煮至沸騰後熄火，再加入巧克力，以打蛋器打至柔滑。

2

將豆漿、砂糖放入另一個鍋中，開中火。煮至砂糖溶化、沸騰後熄火，加入膨脹好的吉利丁，充分拌至溶化。

3

將步驟2分次加入步驟1，每次都要以打蛋器充分拌勻，避免結塊。

4

待熱氣散去後，將材料奶酪液平均倒入內側沾有一點水的模型中，放冰箱冷藏2小時以上，待其冷卻凝固。

5

製作抹茶淋醬。將鮮奶油放入鍋中，開火加熱。沸騰後熄火，將一半的鮮奶油加入巧克力中，以打蛋器充分拌勻。

6

拌至柔滑後，加入抹茶充分拌勻。加入剩下的鮮奶油和君度橙酒，充分拌勻後，放冰箱冷藏。

7

將步驟4的模型迅速浸泡一下熱水，讓周圍融化後脫模，淋上步驟6。

# 薄荷風味苦甜巧克力冰淇淋

以冰淇淋呈現「薄荷×苦甜巧克力」的完美黃金組合！
使用新鮮薄荷的萃取液及薄荷利口酒，
作出充滿清爽感的大人口味冰淇淋。
降低甜味的清新後味，讓不愛吃甜食的人也能一口接一口。

**材料（4人份）**

黑巧克力……200g
鮮奶油……75ml
新鮮薄荷……5g
牛奶……150ml
水……75ml
薄荷利口酒……1大匙

**前置準備**

＊巧克力切細碎，放入調理盆中。

**作法**

1

敲打薄荷讓香氣散出，以手撕碎後放入鍋中。加入鮮奶油，煮至沸騰後熄火，蓋上鍋蓋燜5分鐘。

2

將步驟1再次開火加熱至稍微溫熱後，一邊過濾一邊倒入巧克力中，並仔細擠壓出鮮奶油。

3

以打蛋器拌匀，將牛奶分兩次加入，每次都要充分拌匀。接著加入水、薄荷利口酒，仔細拌匀。

4

倒入製冰盒中，放冰箱冷凍2小時以上，待其冷卻凝固。

5

完全凝固後，從製冰器中取出，用食物調理機打至柔滑。

6

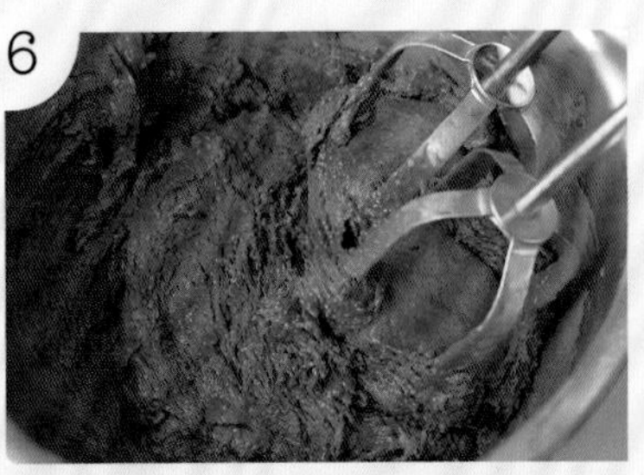

移動到調理盆中，再次放冷凍凝固。冷凍期間，以打蛋器或手提攪拌機稍微攪拌，口感更佳。

# 巧克力提拉米蘇

糖漿和巧克力奶霜，都添加了卡魯哇咖啡香甜酒，
散發出濃郁的咖啡香氣，
再加上不使用砂糖，以蜂蜜帶出清新高雅的風味，
最適合與香甜的蘭姆酒調製而成的雞尾酒一起品嚐。

## 材料（5個份）
※非素

手指餅乾……20支

**糖漿**

黑巧克力……60g

水……60ml

即溶咖啡……2小匙

卡魯哇咖啡酒……4小匙

**起司奶霜**

馬斯卡彭起司……180g

蜂蜜……30g

原味優格……80ml

吉利丁粉……1小匙（3g）

水……1大匙

**巧克力奶霜**

黑巧克力……100g

鮮奶油……70ml

牛奶……30ml

卡魯哇咖啡酒……1½小匙

可可粉……適量

### 前置準備

＊吉利丁粉放入材料中的水（1大匙）中，靜置約10分鐘，待其膨脹。

＊巧克力奶霜用的巧克力切細碎，放入調理盆中。

## 作法

1

製作糖漿。將巧克力隔水加熱融化（參考P.7隔水加熱）。

2

將水、即溶咖啡放入鍋中，煮至沸騰後熄火，將步驟1分次加入，以打蛋器充分拌勻。咖啡完全溶解後，加入卡魯哇咖啡酒。

3

將手指餅乾並排在深烤盤上，全體淋上步驟2的糖漿。翻面後浸泡在糖漿內，其中一半配合杯子的大小折斷，鋪在杯子底部。

4

製作起司奶霜。將馬斯卡彭起司放入調理盆中，加入蜂蜜、原味優格，以打蛋器拌勻。

5

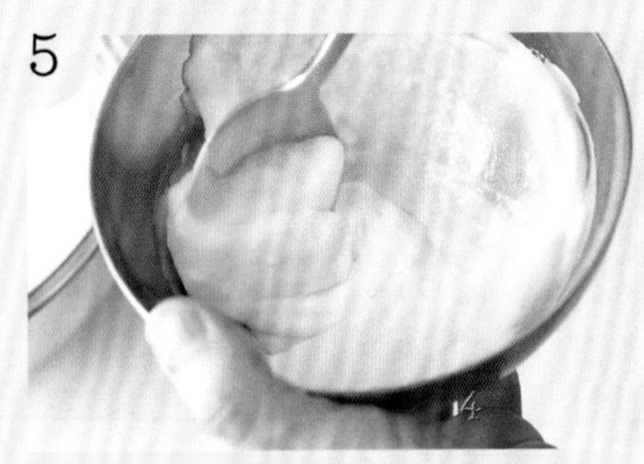

吉利丁隔水加熱融化。加入約2大匙步驟4充分拌勻，再倒回步驟4中迅速拌勻。

6

將半量的步驟5平均倒入步驟3杯中，抹平後放入剩餘的餅乾。再將剩下的奶霜倒入杯子中抹平，放入冰箱冷藏約30分鐘，待其冷卻凝固。

7

製作巧克力奶霜。將鮮奶油和牛奶放入鍋中，煮至沸騰後熄火。加入切碎的巧克力，以打蛋器充分攪拌至柔滑。

8

加入卡魯哇咖啡酒，待熱氣散去後，墊一盆冰水，以打蛋器打至濃稠。

9

將步驟8倒在步驟6上，再次放冰箱冷藏30分鐘，待其冷卻凝固。享用前撒上可可粉。

# 伯爵紅茶風味巧克力慕斯

慕斯中的伯爵茶帶著佛手柑香，
與淋醬中的柑曼怡干邑的柑橘香相互輝映。
蘊含兩種柑橘類的清爽香氣，將巧克力的風味演繹得更加華麗。
代替抹醬來塗抹麵包，也很十分美味。

## 材料（4至5人份）

黑巧克力……100g
鮮奶油……100ml
伯爵紅茶葉（茶包）……2包（6g）

**蛋白霜**

蛋白……2顆份（60g）
砂糖……2大匙

**淋醬**

橘子醬……120g
水……$1\frac{1}{2}$大匙
柑曼怡香橙干邑甜酒……$1\frac{1}{2}$大匙

**前置準備**

＊巧克力切細碎，放入調理盆中。

## 作法

1

將鮮奶油、茶葉放入鍋中，煮至沸騰後熄火，蓋上鍋蓋燜5分鐘。

2

將步驟1再次開火加熱煮至稍微溫熱後，邊過濾邊加入巧克力中，仔細擠壓出鮮奶油。以打蛋器充分攪拌至柔滑。

3

製作蛋白霜。將蛋白放入另一個調理盆中，墊一盆冰水打發。砂糖分兩次加入，充分打發至呈挺立的尖角狀。

4

將步驟2墊一盆冰水，以打蛋器打至濃稠。

5

將步驟3分三次加入步驟4中，以橡皮刮刀迅速攪拌，但不要讓蛋白霜消泡。

6

倒入保存容器中，放入冰箱冷藏1小時，待其冷卻凝固。

7

將淋醬的材料放入鍋中，邊加熱邊攪拌，煮至沸騰後熄火。待熱氣散去後，放入冰箱冷藏，享用前再淋在步驟6上。

# 巧克力＆優格的法式百匯

以瀰漫著椰子甜蜜香氣的魅惑利口酒——馬里布椰子蘭姆酒(Malibu)製作。
添加優格使口感濃郁而清爽，入口柔滑即化。
可依喜好加入幾滴白蘭地或利口酒，更能表現與眾不同的大人氛圍。

**材 料** （6.5×16×高6cm的模型 1個份）

黑巧克力……125g
鮮奶油……100ml
砂糖……2大匙
原味優格……120ml
馬里布椰子蘭姆酒……2小匙
覆盆子……適量

**前 置 準 備**

＊模型鋪一層烘焙紙。

**作 法**

1

將巧克力隔水加熱融化（參考P.7隔水加熱）。

2

將鮮奶油分2至3次加入步驟1中，每次都要以打蛋器充分拌勻。

3

加入砂糖充分拌勻後，分2至3次加入原味優格，充分拌勻。再加入馬里布椰子蘭姆酒拌勻。

4

倒入模型中，放冰箱冷凍2小時以上，待其冷卻凝固。完全凝固後脫模，切成喜歡的厚度。盛放在盤子中，加一些覆盆子裝飾。

Column

## 適合搭配巧克力的酒品

### 櫻桃利口酒＆杏仁甜酒

櫻桃利口酒(Kirsch)是一種櫻桃釀製的白蘭地。因為透明無色，常用來為糖漿或奶霜增添風味，也很適合搭配水果。杏仁甜酒是義大利產的利口酒。雖然它的特徵是杏仁風味，但一般卻不是以杏仁(Almond)製作，而是以杏桃的核仁(apricot kernel)來釀製。

# 果乾＆堅果巧克力球

將融合了甘納許和奶油起司的巧克力搓成小圓球，
包裹一層適合配酒享用的食材，
製成引人注目的繽紛點心，美麗的色澤令人食指大動。
除了當作搭配餐後酒的點心，也可以當前菜享用。

**材 料 （約24顆份）**

**甘納許巧克力球**

牛奶巧克力……100g
鮮奶油……40ml
君度橙酒……2小匙
奶油起司……100g

**裝飾**

杏仁（鹽味）……20g
芒果乾……40g
蔓越莓乾……40g

**前 置 準 備**

＊杏仁、果乾切細碎。

**作 法**

1

製作甘納許（參考P.8甘納許）

2

加入君度橙酒拌勻。倒入深烤盤等容器中，抹平後放冰箱冷藏2小時以上，待其冷卻凝固。

3

將步驟 2和奶油起司分別取1／2，放在保鮮膜上，包成小圓球。

4

放冰箱冷藏20分鐘左右，取下保鮮膜，分別裹滿杏仁和果乾。

# 卡納佩＆雙重起司巧克力春捲

巧克力融合了藍起司、肝醬等稍微帶點氣味的食材，
再配上一杯清新口感的淡啤酒，
同時享受炸得清脆春捲及烤得酥脆的法國麵包吧！

## 卡納佩

**材 料（4至5人份）**

※非素

法國麵包（細長棍）……………30至40cm

**杏桃＆肝醬**

牛奶巧克力……………………15g

肝醬……………………………25g

杏桃乾…………………………2片

**藍起司＆蜂蜜**

黑巧克力………………………15g

藍起司…………………………25g

蜂蜜……………………………適量

**帕瑪森起司&橘子醬**

白巧克力………………………15g

帕瑪森起司……………………25g

橘子醬…………………………25g

**作 法**

1 巧克力和起司個切成1cm小丁；杏桃切成5mm小丁；麵包切成1cm厚的薄片。

2 將麵包稍微烘烤一下。趁熱放上巧克力，使巧克力藉由餘熱融化，再分別放上其他食材。

## 雙重起司巧克力春捲

**材 料（10枝份）**

牛奶巧克力……………………50g

春捲皮（20cm四方形）…………5片

奶油起司………………………30至40g

藍起司…………………………20至30g

A｜低筋麵粉、水………………各2大匙

炸油……………………………適量

**前 置 準 備**

＊將春捲皮對半切開。
＊起司分別切成10等分。
＊材料A拌勻，作成黏著劑。

**作 法**

1 巧克力切細碎。

2 將春捲皮橫放，在中間偏下的位置放步驟1和起司。

3 將下方以外的三邊都塗上材料A，兩端往內折後，從下往上捲起來。捲好後，以手指將兩端壓緊。

4 炸油加熱至150℃至160℃，放入步驟3，炸至金黃色。

# 巧克力火鍋

將喜歡的食材，恣意地沾上白蘭地巧克力醬，
是一道作法簡單又十分奢華，且適合用來招待客人的巧克力料理。
與朋友聚在一起熱鬧地談天說地，搭配的酒品可請大家自由選擇。
至於選酒的小訣竅呢？溫熱的醬汁，很適合搭配溫熱的酒唷！

**材料**（3至4人份）

牛奶巧克力……250g
牛奶……100ml
鮮奶油……2大匙
白蘭地……1大匙

**食材**

義大利麵包棒、法國麵包、起司、水果乾、蔬菜脆片等喜愛的食材

**作法**

1

將巧克力切細碎。法國麵包、起司等切成一口大小。

2

牛奶倒入鍋中，煮至沸騰後熄火，分次加入步驟 1，一邊加入，一邊拌勻使巧克力融化。

3

融化後，加入鮮奶油、白蘭地拌勻。一邊保溫，一邊將喜歡的食材沾取後食用。

## 適合搭配巧克力的酒品

**白蘭地＆其他**

白蘭地是以果實釀製的蒸餾酒總稱。一般指以葡萄（白酒）為原料的酒；雪莉酒是西班牙南部限定區域釀製的白酒；伏特加則是以麥類和薯類為原料製成的蒸餾酒；芳醇香氣和高雅甜味的波特酒，則是較廣為人知和巧克力百搭的酒類。

STAUB

香草波本
辣椒白蘭地
肉桂蘭姆

# 微醺巧克力飲×3

最後就以能放鬆心情的巧克力＆酒精飲料來作Ending吧！
香料溫和的刺激感和巧克力&牛奶的鎮靜效果，
讓身心靈都感到舒服放鬆。
希望今晚也能作個好夢……

**材 料（各1杯份）**

## 肉桂蘭姆

黑巧克力……30g
牛奶……150ml
紅辣椒……1小條
蘭姆酒……1/2至2/3小匙

## 辣椒白蘭地

黑巧克力……30g
牛奶……150ml
紅辣椒……1小條
白蘭地……1/2至2/3小匙

## 香草波本

白巧克力……30g
牛奶……150ml
香草莢……1/4條
波本酒……1/2至2/3小匙

**肉桂蘭姆的作法**

1 牛奶倒入鍋中，加入肉桂粉後加熱至沸騰。

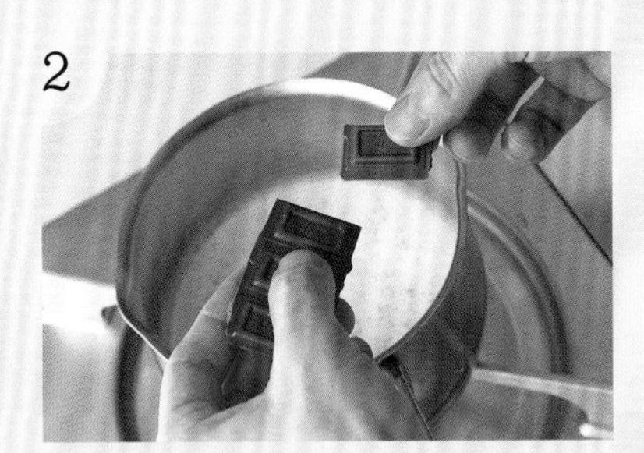

2 沸騰後熄火，將巧克力以手剝碎後加入牛奶中，攪拌至完全溶化。

3 溶化後再次開火加熱。熱好後熄火，加入蘭姆酒，倒入杯中。

**辣椒白蘭地的作法**

1 牛奶倒入鍋中，加入**紅辣椒**後加熱至沸騰。
2 沸騰後熄火，將巧克力以手剝碎後加入牛奶中，攪拌至完全溶化。
3 溶化後再次加熱。加熱完成後熄火，加入**白蘭地**，倒入杯中。

**香草波本的作法**

1 牛奶倒入鍋中，加入**香草莢**後加熱至沸騰。
2 沸騰後熄火，將巧克力以手剝碎後加入牛奶中，攪拌至完全溶化。
3 溶化後再次加熱。加熱完成後熄火，加入**波本酒**，倒入杯中。

烘焙良品 55

# 微醺大人味
# 手作の甜苦&酒香巧克力

作　　者／高橋里枝
譯　　者／陳妍雯
發 行 人／詹慶和
總 編 輯／蔡麗玲
執行編輯／李佳穎
編　　輯／蔡毓玲・劉蕙寧・黃璟安・陳姿伶・白宜平
封面設計／翟秀美
內頁排版／翟秀美
美術編輯／陳麗娜・周盈汝・韓欣恬
出 版 者／良品文化館
郵撥帳號／18225950
戶　　名／雅書堂文化事業有限公司
地　　址／220新北市板橋區板新路206號3樓
電　　話／(02)8952-4078
傳　　真／(02)8952-4084
網　　址／www.elegantbooks.com.tw
電子郵件／elegant.books@msa.hinet.net

2016年06月初版一刷　定價／280元

OTONA NO HOROYOI CHOCOLATE
© RIE TAKAHASHI 2015
Originally published in Japan in 2015 by SEIBUNDO SHINKOSHA PUBLISHING CO.,LTD.
Chinese translation rights arranged through TOHAN CORPORATION, TOKYO.and Keio Cultural Enterprise Co., Ltd

總　經　銷／朝日文化事業有限公司
進退貨地址／235新北市中和區橋安街15巷1號7樓
電　　　話／Tel：02-2249-7714
傳　　　真／Fax：02-2249-8715



國家圖書館出版品預行編目(CIP)資料

微醺大人味：手作の甜苦 & 酒香巧克力 / 高橋里枝著；陳妍雯譯．
-- 初版．-- 新北市：良品文化館，2016.06
面；　公分．-- (烘焙良品；55)
譯自：大人のほろ酔いチョコレート
ISBN 978-986-5724-73-3(平裝)

1. 點心食譜 2. 巧克力

427.16　　105008257

STAFF
攝　　影／杉田空
造　　型／熊谷有真
設　　計／羽賀ゆかり
烘焙助理／佐々木のぞ美
編　　輯／高城直子

協力
ワイン／スリーボンド貿易株式会社
製菓材料／cotta（コッタ・株式会社タイセイ）
ワイヤー制作／小林洋実（plummi）

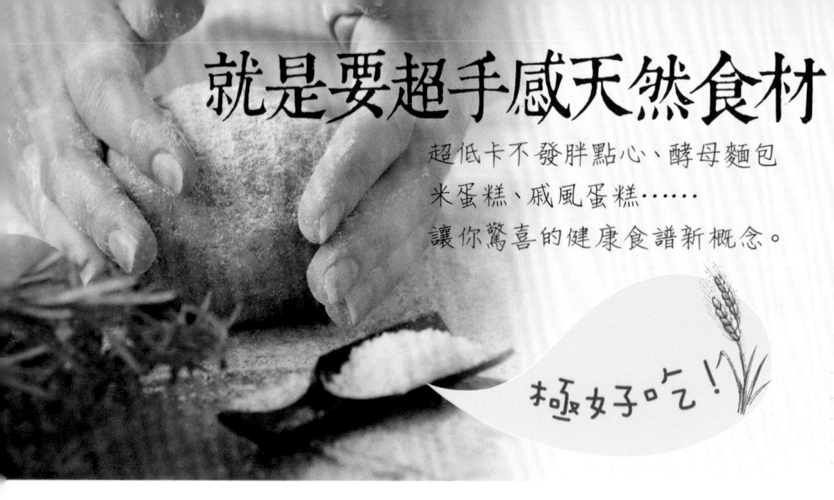

烘焙良品 01
好吃不發胖低卡麵包
作者：茨木くみ子
定價：280元
19×26cm・74頁・全彩

烘焙良品 02
好吃不發胖低卡甜點
作者：茨木くみ子
定價：280元
19×26cm・80頁・全彩

烘焙良品 03
清爽不膩口鹹味點心
作者：熊本真由美
定價：300元
19×26 cm・128頁・全彩

烘焙良品 04
自己作濃・醇・香牛奶冰淇淋
作者：島本 薰
定價：240元
20×21cm・84頁・彩色

烘焙良品 05
自製天然酵母作麵包
作者：太田幸子
定價：280元
19×26cm・96頁・全彩

烘焙良品 07
好吃不發胖低卡麵包
PART 2
作者：茨木くみ子
定價：280元
19×26公分・80頁・全彩

烘焙良品 09
新手也會作，
吃了會微笑的起司蛋糕
作者：石澤清美
定價：280元
21×28公分・88頁・全彩

（暢銷新裝版）

烘焙良品 10
初學者也 ok！
自己作職人配方の戚風蛋糕
作者：青井聡子
定價：280元
19×26公分・80頁・全彩

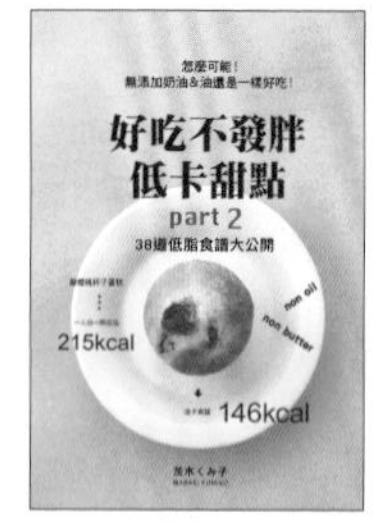

烘焙良品 11
好吃不發胖低卡甜點 part2
作者：茨木くみ子
定價：280元
19×26cm・88頁・全彩

烘焙良品 12
荻山和也 × 麵包機
魔法 60 變
作者：荻山和也
定價：280元
21×26cm・100頁・全彩

烘焙良品 13
沒烤箱也 ok！一個平底鍋
作 48 款天然酵母麵包
作者：梶　晶子
定價：280元
19×26cm・80頁・全彩

烘焙良品 15
108 道鬆餅粉點心出爐囉！
作者：佑成二葉・高沢紀子
定價：280元
19×26cm・96頁・全彩

烘焙良品 16
美味限定・幸福出爐！
在家烘焙不失敗的
手作甜點書
作者：杜麗娟
定價：280元
21×28cm・96頁・全彩

烘焙良品 17
易學不失敗的
12 原則 × 9 步驟——
以少少的酵母在家作麵包
作者：幸栄 ゆきえ
定價：280元
19×26・88頁・全彩

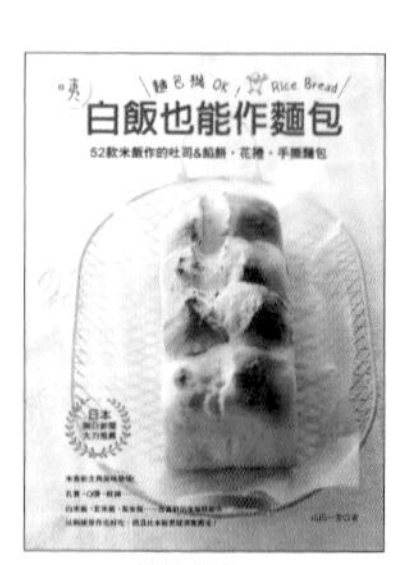

烘焙良品 18
咦，白飯也能作麵包
作者：山田一美
定價：280元
19×26・88頁・全彩

烘焙良品 19
愛上水果酵素手作好料
作者：小林順子
定價：300元
19×26公分・88頁・全彩

烘焙良品 20
自然味の手作甜食
50 道天然食材&愛不釋手
的 Natural Sweets
作者：青山有紀
定價：280元
19×28公分・96頁・全彩

烘焙良品21
好好吃の格子鬆餅
作者：Yukari Nomura
定價：280元
21×26cm・96頁・彩色

烘焙良品22
好想吃一口的
幸福果物甜點
作者：福田淳子
定價：350元
19×26cm・112頁・全彩

烘焙良品23
瘋狂愛上！有幸福味の
百變司康&比司吉
作者：藤田千秋
定價：280元
19×26 cm・96頁・全彩

烘焙良品 25
Always yummy！
來學當令食材作的人氣甜點
作者：磯谷 仁美
定價：280元
19×26 cm・104頁・全彩

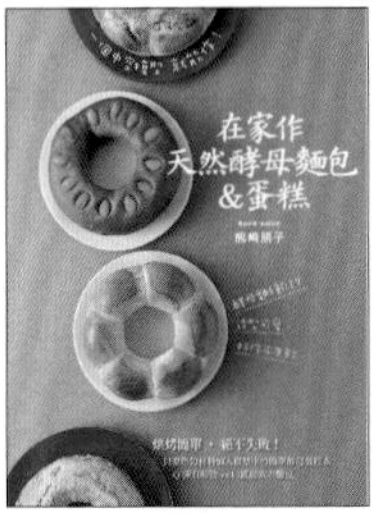


烘焙良品 26
一個中空模型就能作！
在家作天然酵母麵包&蛋糕
作者：熊崎 朋子
定價：280元
19×26cm・96頁・彩色

烘焙良品 27
用好油，在家自己作點心：
天天吃無負擔・簡單做又好吃の
57款司康・鹹點心・蔬菜點心・
蛋糕・塔・醃漬蔬果
作者：オズボーン未奈子
定價：320元
19×26cm・96頁・彩色

烘焙良品 28
愛上麵包機：按一按，超好
作の45款土司美味出爐！
使用生種酵母&速發酵母配方都OK！
作者：桑原奈津子
定價：280元
19×26cm・96頁・彩色

烘焙良品 29
Q軟喔！自己輕鬆「養」玄米
酵母 作好吃の30款麵包
養酵母3步驟，新手零失敗！
作者：小西香奈
定價：280元
19×26cm・96頁・彩色

烘焙良品 30
從養水果酵母開始，
一次學會究極版老麵×法式
甜點麵包30款
作者：太田幸子
定價：280元
19×26cm・88頁・彩色

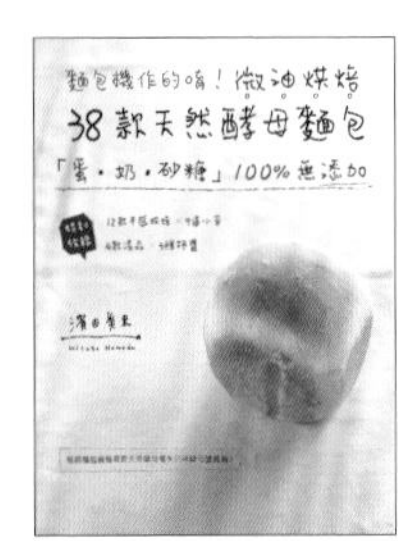


烘焙良品 31
麵包機作的唷！
微油烘焙38款天然酵母麵包
作者：濱田美里
定價：280元
19×26cm・96頁・彩色

烘焙良品 32
在家輕鬆作，
好食味養生甜點&蛋糕
作者：上原まり子
定價：280元
19×26cm・80頁・彩色

烘焙良品 33
和風新食感・超人氣白色
馬卡龍40種和菓子內餡的
精緻甜點筆記！
作者：向谷地馨
定價：280元
17×24cm・80頁・彩色

烘焙良品 34
好吃不發胖の低卡麵包
PART.3：48道麵包機食譜特集！
作者：茨木くみ子
定價：280元
19×26cm・80頁・彩色

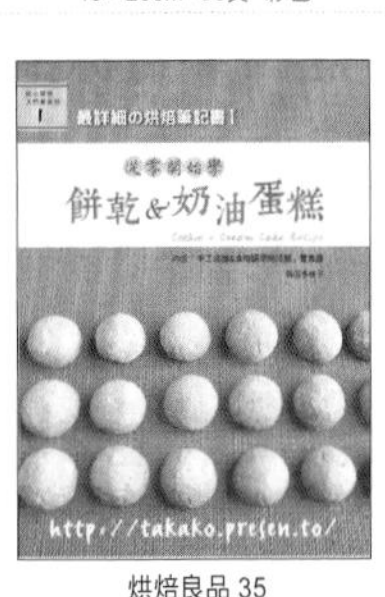


烘焙良品 35
最詳細の烘焙筆記書I：
從零開始學餅乾&奶油麵包
作者：稲田多佳子
定價：350元
19×26cm・136頁・彩色

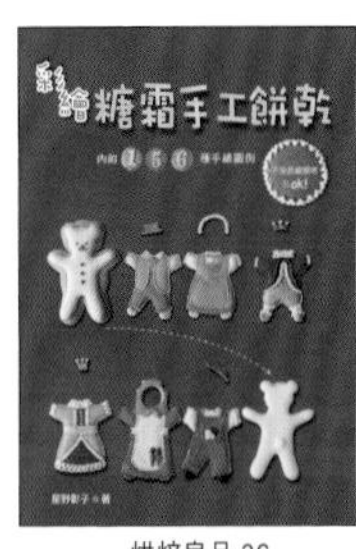


烘焙良品 36
彩繪糖霜手工餅乾：
內附156種手繪圖例
作者：星野彰子
定價：280元
17×24cm・96頁・彩色

烘焙良品37
東京人氣名店
VIRONの私房食譜大公開
自家烘培5星級法國麵包！
作者：牛尾 則明
定價：320元
19×26cm・104頁・彩色

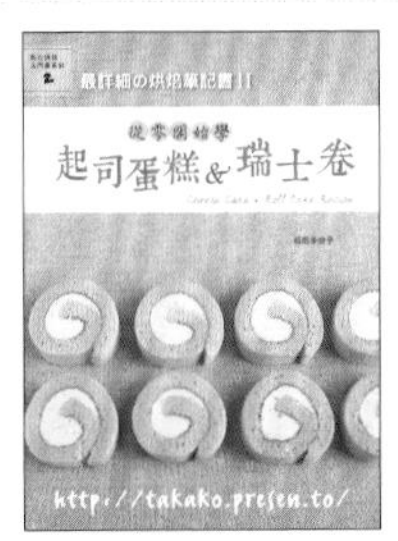


烘焙良品38
最詳細の烘焙筆記書II
從零開始學起司蛋糕&瑞士卷
作者：稲田多佳子
定價：350元
19×26cm・136頁・彩色

烘焙良品39
最詳細の烘焙筆記書III
從零開始學戚風蛋糕&巧克力蛋糕
作者：稲田多佳子
定價：350元
19×26cm・136頁・彩色

烘焙良品40
美式甜心So Sweet！
手作可愛の紐約風杯子蛋糕
作者：Kazumi Lisa Iseki
定價：380元
19×26cm・136頁・彩色

烘焙良品41
法式原味&經典配方
在家輕鬆作美味的塔
作者：相原一吉
定價：280元
19×26cm・136頁・彩色

# chocolate